野人

會開瓦斯就會煮

續攤

推薦序

有看過這麼"好吃"的食譜嗎

這次還加入我超愛的食材

等不及要來試試看了啦！

口水記得擦一擦

作者序

在介紹第二本書之前，我得先對所有支持我的讀者們説聲：「謝謝你們！」

真的非常感謝大家對我第一本書《會開瓦斯就會煮》的支持與肯定，讓我初試啼聲便能登上誠品書店跟博客來網路書店暢銷榜之列，能獲此殊榮實在受寵若驚，也因此有了出第二本《會開瓦斯就會煮【續攤】》回饋大家的機會！我特別珍惜這得來不易的機會，也在第二本書準備過程中，不斷告訴自己莫忘初衷以及追求卓越，當時腦中想的只有一件事：「一定要做出比第一本更棒的作品！」

我想告訴大家，第二本【續攤】真的做到了，從菜單的發想、料理的烹飪、成品的拍攝、前導的取材以及文章的撰寫，都有著更多的新意、深度與廣度，每一道料理及每一個文字，也都做到無愧我心！

這次前導的部分，花了非常多心思去設計，不但跟學術單位調資料外，更透過反覆實驗求證，以最正確且深入淺出的方式，帶領大家認識食材、處理食材，以及提供更多烹飪必備的小知識，例如：「如何辨識各個排骨部位」、「如何讓茄子不變黑又保持嫩度」、「調味的萬用心法」以及「烹煮溏心蛋的萬用公式」等，全部傾囊相授讓你知其然也知其所以然，學會了保證受用一生！

在菜單的編排上，本書收錄了比第一本更多的 92 道料理，其中不但精選 Instagram 發表過的經典菜色，如：「蔥油拌麵」、「低卡雞絲酸辣湯」及「電鍋雞肉咖哩飯」等，更有多達 50 道未曾公開過的食譜以饗讀者！天知道我每天忍住不發表這些料理食譜有多麼痛苦，現在終於能一次公開展示，希望大家會喜歡！

另外，全書的呈現方式，保持前一本的優良傳統，詳細的步驟圖、簡單易懂的説明、文末提點的料理小知識一樣都沒有少，希望能讓新手受用、老手實用，讓所有閱讀此書的朋友能按步驟完成美味料理，成就感爆棚！

「一本好的食譜不該是讓大家欣賞你有多厲害，而是要讓每個人能跟著食譜，做出一樣甚至更好吃的料理！」這是我出食譜書的中心思想，一直以來不曾改變過，希望第二本【續攤】能幫助到更多的人，如果大家有跟著試做，歡迎到 Instagram 與我分享，有遇到任何料理的問題，也都很歡迎一起討論求進步唷！

再次感謝一路支持我的讀者、家人及朋友們，讓我能一路成長茁壯！還有這次又麻煩郭靜幫我推薦 XD，每次還都送我一幅簽名插畫實在揪甘心啦！最後的最後，就讓咱們【續攤】續起來，再次一起開心做菜吧！

大象主廚

目錄
CONTENTS

PART 03

無油煙拌出一片天

高人氣涼拌菜小品集

PART 04

廚房必備小幫手

免顧火電鍋料理

PART 05

一鍋解決一餐

省時省力好料理

PART 06

家常食材煮出吸睛料理

牛肉、豬肉、雞肉篇

PART 07

家常食材煮出吸睛料理

海鮮及蛋豆蔬菜篇

PART 08

人氣鍋物與甜點小品

不出門也能大啖的好滋味

PART 01

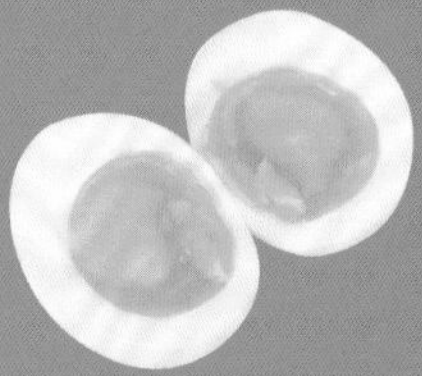

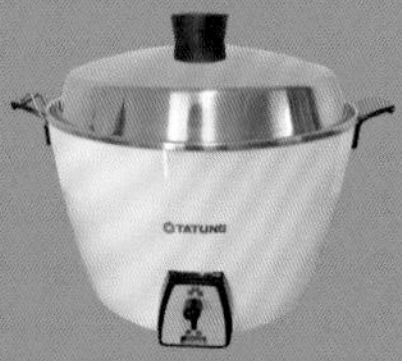

象廚開煮小講堂

如何挑選食材：**常用排骨全解析**

工欲善其事、必先利其器：**電鍋教戰守則**

一生受用的烹飪實戰小撇步

如何挑選食材

常用排骨全解析

排骨是日常生活中常見的食材，但大多數人對排骨往往都是一知半解，常常憑運氣、感覺或是聽市場老闆的推薦而買之。本章節將秀出豬排骨全圖，從位置、外觀、口感及烹調方式，深入淺出為您介紹排骨的所有部位，學完以後，未來在市場挑選排骨不再像迷途羔羊，而是可以按圖索驥，正確地選擇自己所需！

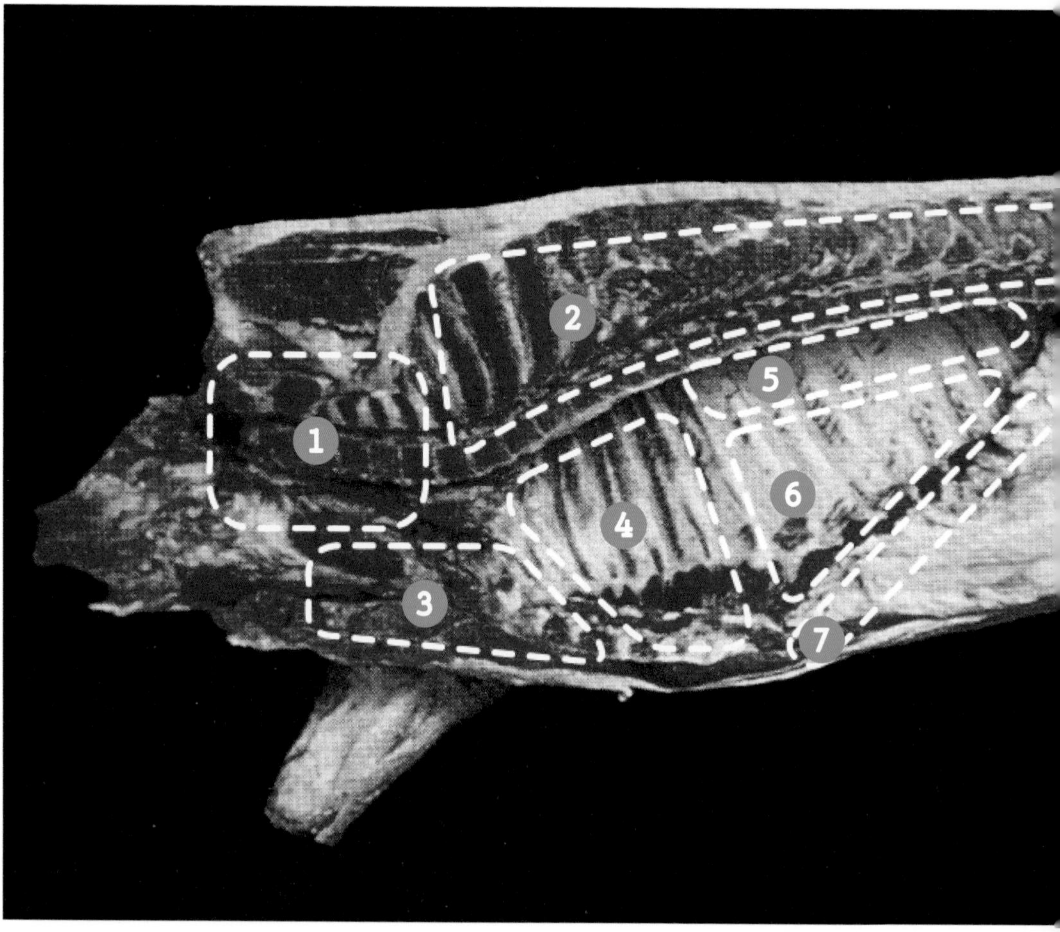

豬排骨全圖：請與P.12~P.15的說明搭配使用。

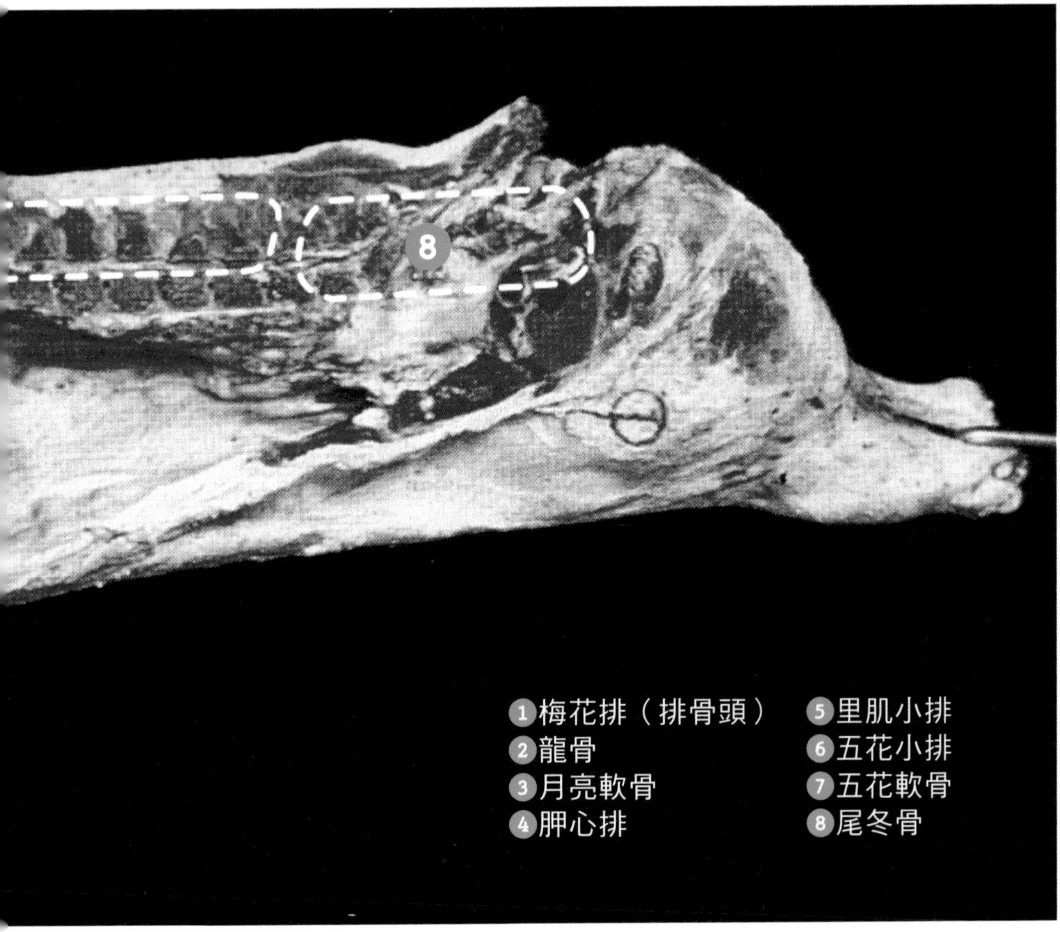

圖片授權：本圖經「國立中興大學動物科學系畜產經營研究室」，張峻瑋碩士所建立之「肉豬屠體分級與部位肉資訊系統」授權。

喜歡純吃肉
選擇肋骨部位，肉多且骨頭形狀完整

里肌小排

位置：大里肌肉附著的肋骨。
外觀：其與五花小排屬同一根肋骨，通常被切分成較「短」的排骨。
口感：油脂少幾乎為全瘦肉，久煮易乾柴。
烹調：適合短時間的烹調方式，如炸排骨酥、橙汁排骨等料理。

五花小排

位置：五花肉附著的肋骨。
外觀：其與里肌小排屬同一根肋骨，通常被分切成較「長」的排骨。
口感：因與五花肉相連，油脂豐厚，肉質為所有排骨中最嫩的。
烹調：用途廣，煮湯、紅燒、蒸煮、油炸或燒烤皆適合。

胛心排

位置：其為靠近豬前腿的四根肋骨，與胛心肉相連。
外觀：骨頭寬扁為其特色。
口感：肉多油脂少、口感軟嫩，惟久煮易乾柴。
烹調：適合煮湯。

小知識

以上三種排骨皆為豬肋骨，胛心排屬前肋骨，骨頭大而寬扁；五花小排與里肌小排屬後肋骨，一般通稱為子排，區別在於靠近五花肉稱五花小排，靠近里肌肉稱里肌小排，一般市場稱小排的部位，兩者皆有可能買到，一定要特別問清楚是哪一塊，烹調方式差很多！

喜歡肉中帶脆Ｑ口感
藏於肉中，能同時吃到肉與軟骨的口感

五花軟骨

位置：位於五花小排旁的整條軟骨。
外觀：軟骨處呈白色短圓柱形，被五花肉包覆。
口感：口感軟Ｑ似牛筋或豬蹄筋。
烹調：適合燉、滷、紅燒。

月亮軟骨

位置：藏於豬前胸胛心肉裡的軟骨。
外觀：呈三角形片狀，形似彎月，故有「月亮軟骨」一稱。
口感：口感偏脆，如：黑白切的脆骨。
烹調：適合燉、滷、紅燒。

小知識

此二部位雖都稱軟骨，惟依一般烹調習慣，五花軟骨燉煮約2.5至3小時，成品口感軟嫩Q彈似牛筋，如：府城軟骨飯；月亮軟骨燉煮約1至1.5小時，成品口感脆度較高，如：黑白切的脆骨。

喜歡啃骨頭
屬脊椎部位，骨頭呈不規則形狀

梅花排（排骨頭）

位置：與梅花肉相連，為所有排骨的前端，又稱頭排或排骨頭。

外觀：骨頭形狀較不規則，旁邊帶有大塊的梅花肉。

口感：屬肉與骨頭皆多的部位，肉質軟嫩。

烹調：骨肉均多，相當適合煮湯，也是筆者煮湯最喜愛之部位！

龍骨

位置：豬的整條脊椎皆稱為龍骨。

外觀：越靠近頭部越大塊，越靠近尾巴越小。

口感：肉瘦脂肪少，久煮易乾柴。

烹調：含有骨髓，適合藥燉排骨、熬製高湯。

尾冬骨

位置：其為豬的尾椎骨。

外觀：呈現一節一節狀，通常還會連著豬尾巴一起販售。

口感：肉少骨頭多，尾巴部分膠質豐富，吃起來相當 Q 彈。

烹調：以形補形，通常被認為可以顧筋骨，適合藥膳燉補料理。

適合熬高湯
肉少骨頭多，適合久煮熬湯之部位

豬棒骨

位置：其為豬前後腿骨頭。
外觀：形為棒狀故得其名。
口感：帶筋帶油骨頭多，熬煮完骨邊筋肉軟嫩可食用。
烹調：熬製高湯不二首選，惟因骨頭較粗，須敲斷才能燉煮。

支骨

位置：帶骨的整塊五花肉，其抽出來的骨頭就是支骨
外觀：整根骨頭，邊上殘存一點肉。
口感：一般不會食用。
烹調：僅適合熬湯。

工欲善其事、必先利其器

電鍋教戰守則

電鍋，是台灣家庭使用頻率相當高的廚房用品，本篇將深入淺出介紹電鍋的功能與操作方式，並解析使用上常出現的問題與盲點，幫助大家在使用瓦斯爐之餘，巧妙地運用電鍋來輔助出餐，藉以達到事半功倍的效果，用心學會本篇所提，一定能對料理之路大有幫助！

電鍋及配件組

電鍋主機

面板有保溫切換開關。

內鍋

舊版為鋁製，近年來轉為SUS304不鏽鋼。

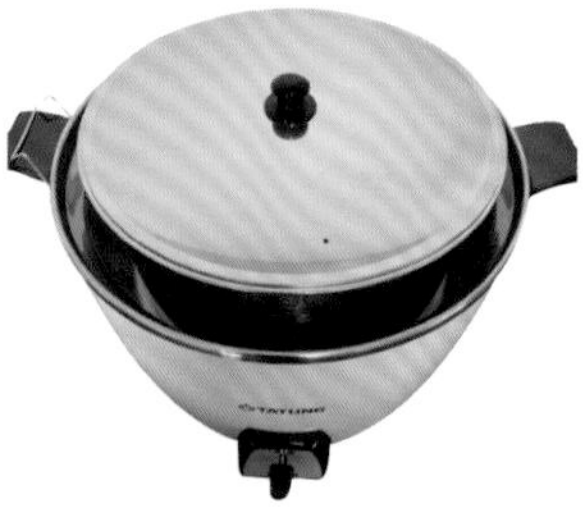

內鍋蓋

內鍋端上桌時防塵用，蒸煮時不可蓋上內鍋蓋，以免阻礙蒸氣對流，降低加熱效率。

蒸盤

蒸煮食物時墊於食器下方，避免食器被蒸汽打翻。

米杯

測量用，1米杯為160cc。

電鍋加熱原理與使用方式

電鍋是藉由水蒸煮間接加熱，與電子鍋或是直火加熱非常不同，其達到攝氏 130 度時會自動切換成攝氏 65 度保溫模式，因此可以做到免顧火，且因為是以蒸煮的方式，故能保持食材形狀不易碎裂。

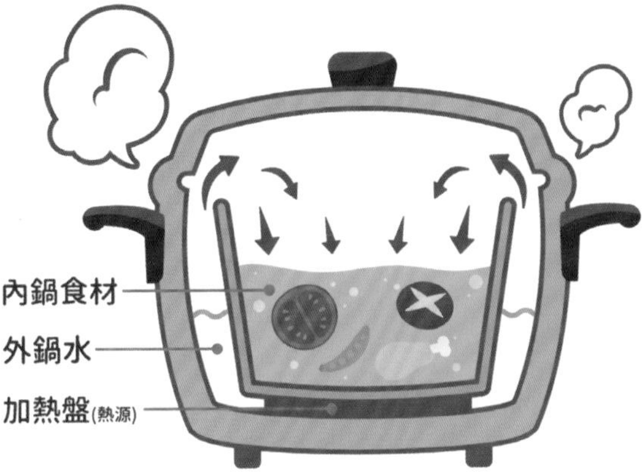

加水量影響燉煮時間長短

增加外鍋的水量，可延長燉煮時間，以160cc量杯而言，第1杯水可蒸20分鐘，第2杯水開始，因為電鍋已有熱度，每1杯水可蒸15分鐘，以此類推。特別注意加水時，一定要用溫水或熱水，以免鍋內溫度頓時驟降，影響烹調的時間與料理的美味。

依照料理特性，決定入鍋時機

如用電鍋蒸魚，必須要等到外鍋的水沸騰，鍋子冒出蒸氣後放入；如係一般燉煮使用，則冷鍋放入即可。

內鍋宜放入外鍋正中央

內鍋偏任何一側，容易使食物受熱不平均，且鍋蓋上的水蒸氣亦會沿著外鍋壁，流入內鍋使料理走味。

依食材特性調整加熱時間

不易熟食材先入鍋燉煮，待其熟後再放入易熟食材，如此便能使熟成度達到一致，不會有過老、過柴的問題，如：電鍋咖哩飯的蔬菜先放，最後才放雞肉與咖哩塊。

用於保溫不宜超過 12 小時

電鍋只適合短暫保溫，切莫將其作為長時間保存方式，否則容易讓細菌大量繁殖，導致食物酸臭腐敗引起中毒！

如何用電鍋煮飯

1 **洗米**：洗米前先決定要煮的份量，1 量杯的米約 2 碗飯，洗米手勁要輕、速度要快，混濁的洗米水都要盡快倒掉，重複上述動作 2 至 3 次即可。

2 **瀝乾**：清洗後務必把水分瀝乾，避免後續加水蒸煮，水量估算不準確。

3 **浸泡**：米粒泡水可讓煮出來的飯更軟 Q，白米需浸泡 30 分鐘，糙米或雜糧米需浸泡 1 小時。各式不同的米種所需水量如下：

白米：水＝1：1

雜糧米：水＝1：1.6

糙米：水＝1：2

4 **外鍋加水**：4 量米杯內的量（8 碗飯），外鍋加 1 杯水即可；煮糙米或雜糧米時則要 1.5 杯水。

5 **蒸煮燜透**：不管是哪種飯，電鍋開關跳起時，因米芯還沒熟透，必須再燜 10 分鐘，開蓋後以飯匙翻鬆，散開多餘水分再盛入碗中，如此便能煮出粒粒晶透、Q 彈好吃的米飯囉！

一生受用的

烹飪實戰小撇步

1 料理量匙與常用基礎重量

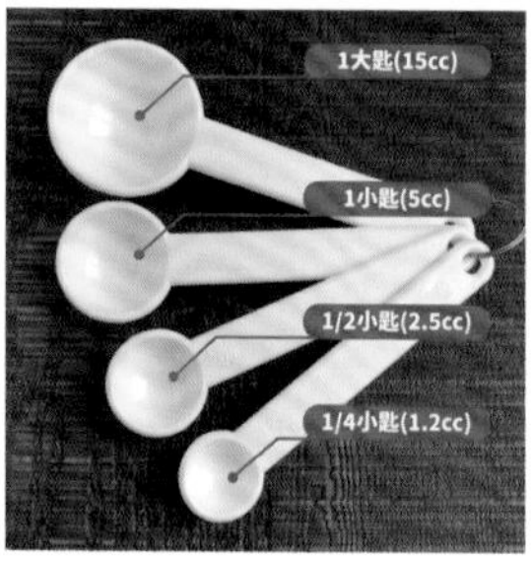

本書調味為科學量化方式，所有比例皆用料理量匙精準測量。

薑1小塊（約5克）。

註：本書未特別標示皆為老薑。

蒜頭1瓣（約5克）。

註：本書特別大的蒜頭會另外標示重量。

2 如何勾芡

本篇所提到的「玉米粉水」，水與玉米粉的比例為2：1，使用時先將粉與水混合，再緩緩倒入鍋中，攪拌至湯汁濃稠。

3 百變萬用蝦高湯

本篇分享的基礎蝦高湯不分中西式，為最基礎、最萬用的版本，可應用於大部分的海鮮料理，如：海鮮燉飯。

此配方若加入不同材料，則會升級成風味蝦湯，使味道更有層次！如：加入蔥、薑、米酒等，則變為中式蝦高湯；若加入魚骨、洋蔥、紅蘿蔔及西洋芹等，則變為西式海鮮高湯。

1 材料：白蝦25隻（蝦頭與蝦殼共計300克）、月桂葉1片。

2 鍋內下5大匙橄欖油，放入所有的蝦頭與蝦殼，以中火拌炒。

3 拌炒時可用鍋鏟擠壓蝦頭，幫助滲出蝦膏。

4 炒至油呈紅色，即為煉出的蝦油。

5 加入水（淹過食材），大火煮滾撇去浮沫，轉中小火煮30分鐘。

6 將煉好的蝦高湯過濾後放涼，分裝後冷凍保存，3個月內食用完畢即可！

4 豬大骨高湯

常用於煮粥、湯麵、餛飩湯、酸菜白肉鍋等料理，非常有營養且萬用，適合一次做起來保存。

1 豬棒骨 1000 克、薑片 3 片。

2 豬棒骨放入冷水，以中大火煮滾。

3 滾煮 5 分鐘取出洗淨。

4 將汆燙過的豬棒骨、薑片放入鍋中，加入水 2500cc（淹過食材）。

5 大火煮滾撇去浮沫，轉中小火熬煮 3 小時。

6 將熬好的豬大骨高湯過濾後放涼，分裝後冷凍保存，3 個月內食用完畢即可！

5 西式雞高湯

製作西式料理泛用度最廣的高湯基底，無論是製作燉飯、湯品、義大利麵，少了這一味就不到位了，若家裡有條件者，雞骨與蔬菜皆可以烤過再燉煮，風味更佳！

1 雞骨 1000 克、洋蔥 500 克、紅蘿蔔 250 克、西洋芹 250 克、百里香 4～5 株、月桂葉 1 片、黑胡椒粒 1 克。

2 雞骨放入冷水，以中大火煮滾。

3 滾煮 5 分鐘取出洗淨。

4 將汆燙好雞骨與上述材料放入鍋中，加入水 2500cc（淹過食材）。

5 大火煮滾撇去浮沫，轉中小火熬煮 3 小時。

6 將熬好的西式雞高湯過濾後放涼，分裝後冷凍保存，3 個月內食用完畢即可！

小知識

百里香可於花市、園藝行、西式食品材料行購買，若無，使用乾香料亦可。

6 溏心蛋作法與熟度解析

本篇分享煮溏心蛋不敗方法及萬用公式，讓你不再因把蛋殼剝得坑坑疤疤，或是抓不準熟度而懊惱，所有問題將迎刃而解！

1 蛋退冰至室溫，避免滾煮時溫差過大使蛋殼破裂。

2 於雞蛋鈍端以針戳洞，避免滾煮時，雞蛋氣室中的空氣擠破蛋殼，造成蛋白流出（嫌麻煩者可省略此步驟）。

3 起一鍋滾水，小心放入雞蛋，避免因撞擊而破裂。

4 保持中大火，使水溫和地沸騰且冒泡持續滾煮。

5 煮好的蛋取出放入冰水中，直到不燙手取出。

6 於流水下剝殼較能保持蛋的完整度，使成品不會坑坑疤疤，剝殼完後再以飲用水沖洗乾淨並擦乾。

7 切開時從鈍端處切下，較能切得完整。

8 完成，蛋黃的熟度請參考右頁說明。

不同時間下，對應溏心蛋的質地與口感：

6 分鐘

蛋白柔軟，蛋黃開始變稠且仍有流動性。

7 分鐘

蛋白柔軟，蛋黃濃稠綿密，只有中心稍呈液狀。

8 分鐘

蛋白扎實，蛋黃凝固，但口感仍然相當滑潤。

10 分鐘

蛋白扎實，蛋黃完全凝固。

小知識

萬用公式：
分鐘數＝熟度，煮6分鐘為6分熟、7分鐘為7分熟以此類推。

7 茄子保色處理法

每次去餐廳看到的茄子都是迷人的紫色，自己煮的不難吃，但賣相卻總差強人意，本篇將分享四種茄子保色的萬用處理法，讀者可自行選擇喜歡的方法唷！

水煮法

水煮法成品顏色略淡、口感軟嫩適中，起鍋後易變色須刷油或淋醬保護。

作法

1 將茄子泡入白醋水中（60cc 白醋加入 1000cc 水中）10 分鐘（小知識❶）。

2 起一鍋滾水，將茄子皮面朝下迅速放入，並用濾網下壓保持所有茄子均在水下，大火滾煮 3～4 分鐘至軟（小知識❷）。

3 起鍋後表皮刷油即完成（小知識❸）。

小知識

❶ 必須泡白醋水，否則易變色。
❷ 全程必須浸於水下，否則易變色。
❸ 不刷油可以淋上醬汁取代。

清蒸法

較水煮法方便，成品顏色略淡，口感最軟嫩，久放不變色，十分推薦。

作法

1 將茄子泡入白醋水中（60cc 白醋加入 1000cc 水中）10 分鐘（小知識❶）。

2 起一鍋滾水，將茄子皮面朝上，迅速放入蒸鍋中。

3 快速將鍋蓋蓋上，大火蒸6分鐘至軟（小知識❷、❸）。

4 開蓋後請迅速取出。

小知識

❶ 必須泡白醋水，否則易變色。
❷ 蒸煮過程不可開蓋，否則溫度驟降導致變色。
❸ 電鍋升溫慢，易變色，較不推薦使用。

微波法

微波法最方便，家裡有微波爐者推薦使用，成品顏色鮮艷、口感軟嫩適中，久放不變色。

作法

1 茄子不重疊放入，並於表面刷上一層油（小知識❶）。

2 蓋上蓋子或是鋪上耐熱保鮮膜，微波 3 分鐘（使用 1100 瓦微波爐）。

3 開蓋後請迅速取出。

小知識

❶ 表面刷油可幫助熱能集中，成品久放不變色，另外微波法不泡白醋水不影響成色。

油炸法

油炸法茄子顏色最深最鮮艷，且久放不變色，適合餐廳快速出餐使用，成品外酥內軟，多了與其他三種方法不同的口感。

作法

1 起攝氏 160 度油鍋，炸 2～3 分鐘即完成。

2 起鍋瀝油即完成。

8 爽脆 Q 彈蝦球人人會

常常在餐廳吃到 Q 彈鮮脆的蝦球，都會懷疑是不是有放什麼添加物，其實只要略施小技保持蝦仁的乾燥，你也一樣辦得到！

1 以流水退冰，避免蝦肉因浸泡過久而軟爛。

2 撒上乾粉（太白粉、玉米粉、麵粉皆可）抓拌均勻。

3 以流水沖掉黏液。

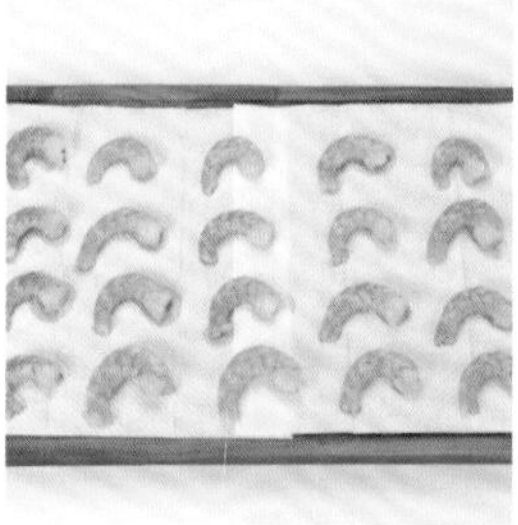

4 以廚房紙巾徹底吸乾蝦仁水分，使成品蝦肉 Q 彈。

5 開背至蝦身 1/2 深，並去除腸泥。

6 抓醃 10 分鐘（不可醃太久，以免蝦肉軟爛）即完成！

9 肉類清洗與否大哉問

「肉需不需要洗」、「絞肉需不需要洗」一直是點播率非常高的問題，本篇將為您詳細解惑！

牛肉拆開真空包裝後，切記不可沖水清洗，否則容易流失牛肉的甜味；豬肉或雞肉若當餐要料理，可在料理前用流水沖洗並擦乾，若非當餐食用則不能清洗，應盡速冷藏或冷凍，避免生菌加速繁殖！

絞肉一般建議不必清洗，除因泡水後難以烹調外，肉絞碎後和空氣的接觸面積變大，過水後更易滋生細菌，導致變質速度相當快！

10 肉燥、肉醬處理法

製作肉燥或肉醬料理，一定要將絞肉裡的水分炒乾並炒出油，如此成品才會香，絞肉也能更好吸收醬汁入味！

1 絞肉入鍋拌炒。

2 炒出水分。

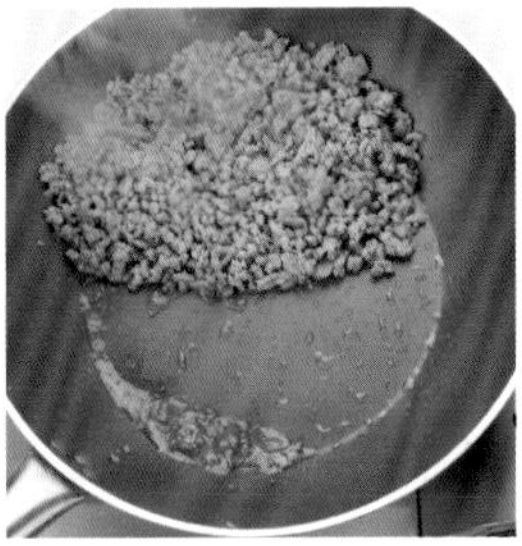

3 水分炒乾剩下油脂。

11 讓溫度與時間釋放食材本味

本書在製作肉醬或湯品時，所提及的蔬菜「炒透」，皆係以中小火慢慢煸炒，將食材本身甜味帶出，雖耗時較長，但該步驟卻是決定成品美味程度的重要關鍵！「炒透」判斷標準如下：

1. 體積縮小：水分散去，味道更加濃縮。
2. 顏色改變：產生食材的甜味。

以洋蔥為例：

1 生洋蔥體積大、水分多、味道辛辣且嗆鼻。

2 炒透後的洋蔥顏色改變、體積縮小，自然散發蔬菜的甜味！

以牛番茄為例：

1 生牛番茄體積大、水分多、顏色淺。

2 炒透後的番茄體積改變、水分散失，顏色隨之變深，且自然散發蔬菜的甜味！

12 調味的萬用心法

從醬色判斷味道

在沒有老抽或糖色的情況下，我們多半可從菜品的醬色判斷鹹度，當醬色達到菜品該有的成色，味道幾乎十拿九穩，這也是為什麼有經驗的烹飪者，煮完不必每次都試味道的原因，是相當實用的小技巧！

以蔥燒雞為例：

1 顏色過淺，尚未入味。

2 醬色得宜，味道適中。

以蔥燒排骨為例：

1 顏色過淺，尚未入味。

2 醬色得宜，味道適中。

13 涼拌菜必勝方程式

許多人喜歡在餐前來盤涼拌小菜幫助開胃，其實美味的涼拌菜不難，調味亦有可追循的公式。

酸甜平衡

涼拌菜首重開胃效果，引導食客能吃下後續的主菜，因此調味一般不過重，且著重酸甜平衡的效果，操作上只需將糖與醋先抓1：1的比例，如糖、醋各1大匙，調出基本酸甜味後，再依個人口味進行微調即可。

涼拌海帶芽成品照（作法參照 p. 72）。

鹹辣辛香

調出基本酸甜味後，可再根據菜品是否需要醬色，選擇鹽、醬油或是魚露調整鹹度；至於辣度的部分，可以添加辣椒或辣油提升風味；辛香料的部分可選擇蔥、薑、蒜、香菜及芹菜等。

涼拌茄子成品照（作法參照 p.73）。

醋的選擇

台式料理一般常見的酸味來源多為白醋或烏醋，白醋外觀呈透明、酸味單調且直接；烏醋外觀呈淺褐色、酸味較柔和有層次。

判斷使用白醋或烏醋，除了思考該菜色所須風味，更可從該菜品是否需要顏色判斷，試想若台式泡菜用烏醋，是否風味與賣相皆不對了呢！

白醋

烏醋

14 炸物的美味關鍵

油溫的判別

炸東西是將食材內的水分快速逼出，產生香氣及酥脆效果的過程，最直接的方法可用油溫溫度計測量，若無，只需要將筷子當作食材，插進油鍋中央，根據冒泡的狀態即可判斷油溫，產生氣泡越多越快，代表油溫越高。

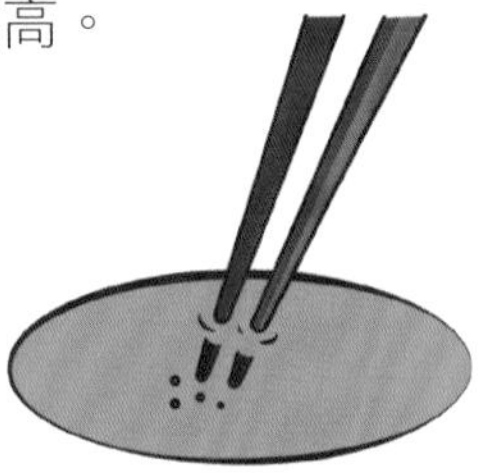

140°C

屬低油溫，較少使用的溫度，適合特定料理，如：地瓜球。

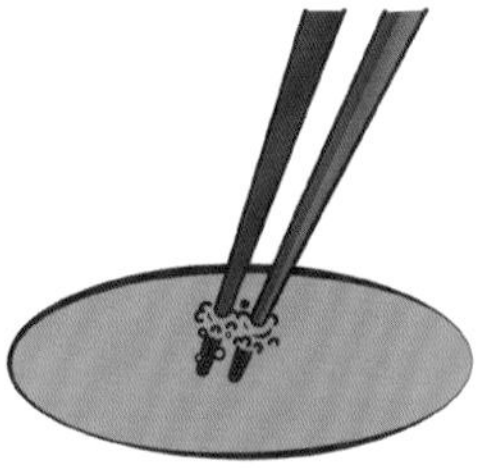

160°C

屬中油溫，適合須久炸的料理，如：鹹酥雞、炸排骨等。

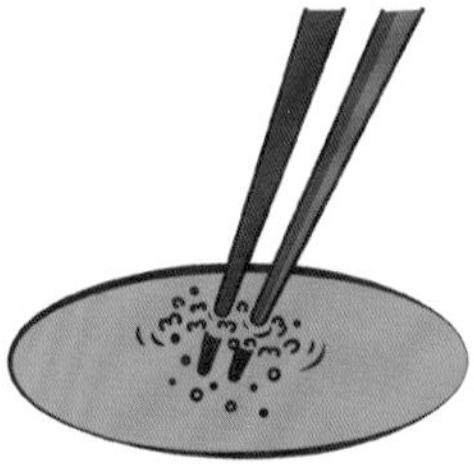

180°C

屬高油溫，適合不須久炸的料理，如：鳳梨蝦球。

炸油的再利用

炸過食物的油若顏色淺、黏度小、雜質少，多半是可以再利用的，只須讓油裡面的殘渣沉澱，過濾後留下清油，再密封保存即可。

過濾油

炸油的丟棄

反之，若炸過的油顏色深、黏度大、雜質多，則不能再重複使用，此時正確作法應等待油冷卻至室溫，尋找乾淨的容器，如：牛奶罐或原來的油罐，用漏斗和濾篩將油裝入瓶中，最後交給垃圾車回收即可。

回收油

PART 02

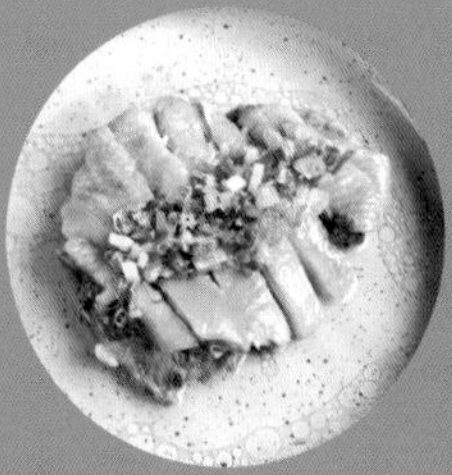

6 步驟快手料理上桌

新手成就感練功房

course 1

電鍋雞肉咖哩飯

用電鍋煮咖哩的好處是：「免顧火不燒焦、食材均能保持原型不易碎裂！」本食譜還特別加了祕密武器雪白菇，讓咖哩多了驚豔的口感與風味！誠摯地將這道菜放在第一篇做分享，希望大家能從這道料理中建立起信心，希望你們會喜歡！

材料（4～6人份）

去骨雞腿肉…250克
馬鈴薯…2顆（300克）
洋蔥…1顆（250克）
雪白菇…1包（200克）
咖哩塊…1盒（230克）
水…1500cc

作法

1 馬鈴薯切滾刀塊、洋蔥切片、雪白菇去根部剝散，雞腿肉撕去雞皮切3×3cm塊狀備用（小知識❶）。

2 將所有食材（除了雞腿肉）及1500cc水放入內鍋，外鍋2杯水蒸至跳起。

3 確認馬鈴薯可輕易穿透。

4 接著加入雞肉，外鍋再1/2杯水蒸至跳起。

5 確認雞肉熟後，分次放入咖哩塊，並攪拌至完全融化即完成（小知識❷、❸）！

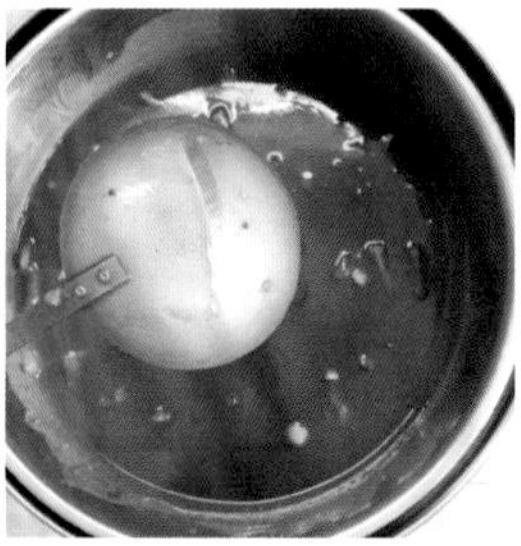

6 咖哩濃稠度可用手指輕劃湯杓背面，能劃出一條不會密合的線，代表稠度適當！

小知識

❶ 撕去雞皮純粹不喜歡煮過的軟Q口感，喜歡者可不去皮。
❷ 湯汁已有溫度，咖哩塊放入後會隨著攪拌慢慢融化。
❸ 咖哩塊不要一次全下，分次放才可慢慢測試鹹度。

course 2

石燒蒜蝦飯

這道菜是南部著名燒肉店的經典料理，材料很簡單只有蝦、蒜頭及蔥花，味道卻充滿濃濃的胡椒及蒜香味，讓人吃過之後欲罷不能，真的相當好吃！這道料理的祕密就是胡椒蝦專用粉，大家想復刻的話，在家用平底鍋也能做出一樣的美味唷！

材料

白飯…1碗（300克）
白蝦…16隻（依家境增減）
蒜頭…12瓣（70克）
蔥…2支
米酒…1大匙

調味料

市售胡椒蝦粉…1大匙（小知識❶）

作法

1 蔥切蔥花、蒜頭切末、白蝦去除腸泥剪去蝦鬚備用。

2 鍋內下4大匙油，將油燒熱用中大火爆香蒜頭（小知識❷）。

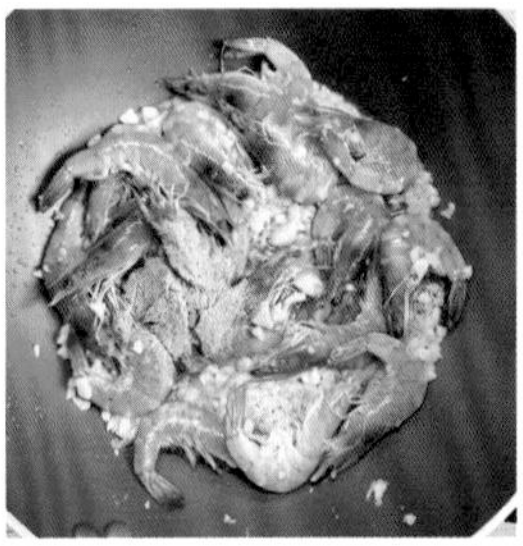

3 放入白蝦大火炒至7分熟，下1大匙胡椒蝦專用粉拌炒均勻（小知識❸）。

4 下1大匙米酒炒至水分蒸發。

5 加入蔥花拌炒均勻。

6 最後加入煮好的飯拌炒均勻即完成！

小知識

❶ 市售胡椒蝦粉使用的牌子為阿順師，於傳統市場、食品材料行、網路購物皆可買到，不想購買者可參考p.185胡椒蝦的配方。
❷ 後續的炒蝦步驟會很吃油，油可再稍微放多一點。
❸ 胡椒蝦專用粉已有鹹度，請不要多放！

course 3

上海蔥油拌麵

蔥油拌麵材料看似簡單，但味道可不簡單！
在細火慢煸的過程裡，蔥將其所有味道與香氣全部釋放，
再加上迷人的醬香，真的是最樸實卻又最讓人難以忘懷好滋味！

材料（3～4人份）

蔥…1大把（150克）
沙拉油…100cc（小知識❶）
關廟麵…2球

調味料
醬油…4大匙
老抽…1大匙（上色用，無者可省略）
糖…1大匙（因老抽微苦，沒放老抽者，糖改1/2大匙才不會過甜）

作法

1 蔥擦乾，蔥白蔥綠切6cm段分開備用（小知識❷）。

2 鍋內下100cc沙拉油，放入蔥白段以中小火慢煸，煸至蔥白段焦黃（約10～15分鐘）。

3 接著放入蔥綠段，繼續以中小火慢煸（約10～15分鐘）。

4 煸至全部蔥段呈焦黑狀取出。

5 關火靜置蔥油5分鐘，待其冷卻後再下調味料，接著以中火加熱30秒至糖融化關火（小知識❸、❹）。

6 製作好的蔥油呈現油水分離狀為正常現象（小知識❺）。

7 將關廟麵煮熟，淋上1至2大匙蔥油醬，攪拌均勻即完成！

小知識

❶ 建議使用本身無特殊風味的油，如：葵花油、芥花油、沙拉油，橄欖油風味過重，容易把蔥油味道搶掉較不適合。
❷ 蔥務必擦乾，否則製作過程容易油爆。
❸ 油靜置冷卻是避免下調味料時，冷熱溫差過大油爆。
❹ 放糖後不可加熱過久，以免結塊焦掉。
❺ 蔥油醬可密封冷藏2週，使用前蓋上保鮮膜，用電鍋蒸過即可使用。

course

4

電鍋蔥油雞

這道料理用電鍋製作省時又省力，且食材只需蔥、薑跟雞肉即可，準備起來毫不費力！成品 Q 彈的雞皮、多汁的雞肉、鮮美的雞湯混合著蔥油，配兩碗飯絕不是問題，此時若再隨意準備一兩樣青菜妝點，就可以直接當作偽海南雞飯了！

材料（1～2人份）（小知識❶）

去骨仿土雞腿排…1 片（260 克）
沙拉油…40cc
蔥花…30 克（約 1～2 支）
薑泥…10 克（約 2 小塊）

調味料（小知識❷）
海鹽…5.2 克
白胡椒粉…0.5 克
米酒…1 大匙

作法

1 蔥切蔥花、薑磨薑泥備用。

2 雞腿排肉面劃刀，並加入調味料冷藏醃2小時。

3 冷油下蔥花及薑泥，中小火煸出香味（約3～4分鐘）關火備用（小知識❸）。

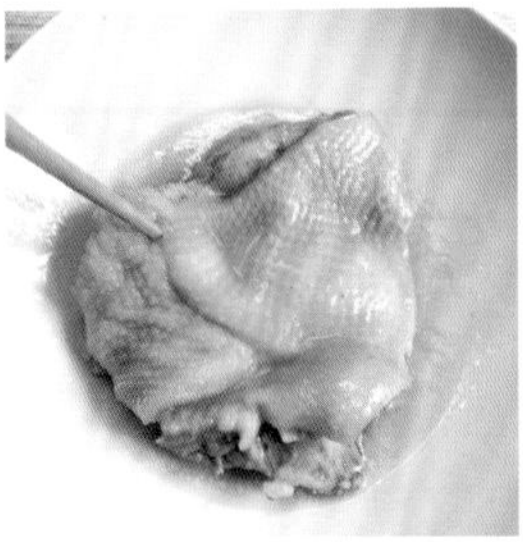

4 將醃好的雞腿排皮面朝上放入電鍋，外鍋1杯水蒸至跳起，蒸熟後，以筷子戳刺，雞肉帶點阻力但可輕易穿透即熟透（小知識❹）。

5 將蒸雞肉的雞汁倒入步驟3的蔥油裡混合均勻。

6 將蒸好的雞腿排切片，淋上步驟5的蔥油即完成！

小知識

❶ 此道推薦使用仿土雞腿，蒸出來的肉質鮮甜口感好。
❷ 乾式醃漬鹽為食材總重的2%（260克×0.02＝5.2克）。
❸ 此步驟不可大火爆香，只須小火慢煸提取味道，不可炒至上色。
❹ 皮面朝上可保護肉質不乾柴。

course

5

家常蔥燒雞

充滿蔥香的醬汁搭配鮮嫩多汁的雞肉～那銷魂的味道，
害我只夾了幾塊雞肉就配完一碗飯，稱之為「白飯殺手」一點也不為過！
這道料理又簡單又好做，不試試看真的太可惜囉！

材料（3～4人份）

去骨雞腿排…400克
蔥…6根
蒜頭…2瓣
薑片…2片
小辣椒…1/2根

調味料

米酒、水…各1大匙
醬油、醬油膏…各1大匙
糖…1/4小匙
白胡椒粉…1/8小匙

雞肉醃料

米酒…1大匙
鹽…1/8小匙

作法

1 薑切片、蒜頭對半切粒、小辣椒斜切圈、蔥5根切12cm長段、蔥1根切蔥花、雞腿排切3×3cm塊狀醃15分鐘備用。

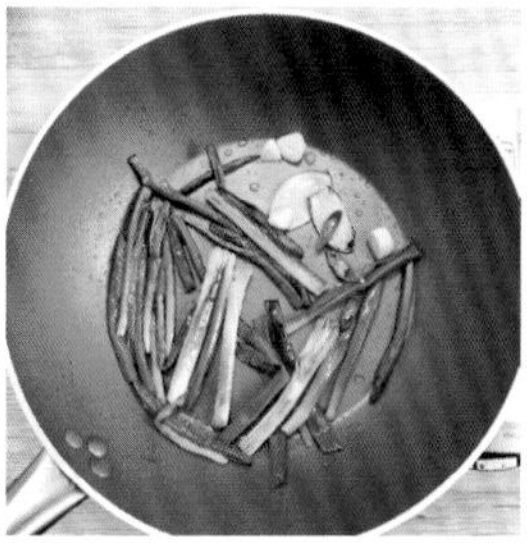

2 鍋內下1.5大匙油，放入蔥段、薑片、蒜頭及辣椒以中火爆香。

3 接著放入雞肉炒至半熟。

4 下調味料大火煮滾。

5 轉中大火燒5分鐘至醬汁濃稠（小知識❶）。

6 取出煮軟的蔥段，撒上蔥花即完成！

小知識

❶ 燒製過程湯汁會越來越少，雞肉顏色會越來越深，此時可以翻拌雞肉使每面都能均勻上色。

course

6

味噌松阪豬

這道料理風味鹹香帶微甜，並有著味噌特有的韻味，
搭配松阪豬 Q 彈的口感，很容易讓人一片接一片、越吃越涮嘴！
不論是當餐食用，或是帶便當都非常適合唷！

材料（1～2人份）

松阪豬…1片（300克）

調味料

味噌…2大匙（小知識❶）
醬油…1大匙
米酒…1大匙
味醂…1大匙
糖…1/4小匙

作法

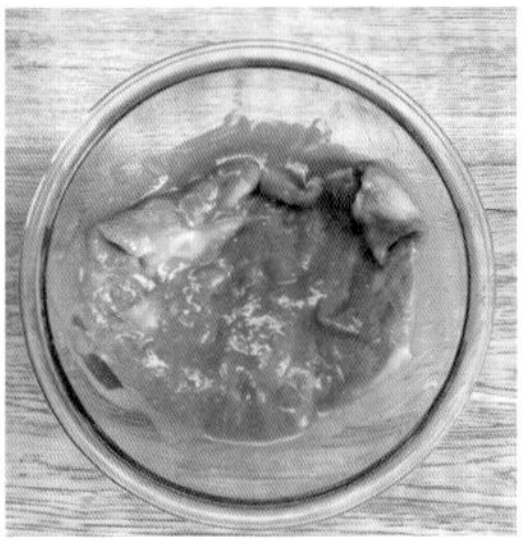

1 將松阪豬與調味料混合均勻，冷藏醃漬一天。

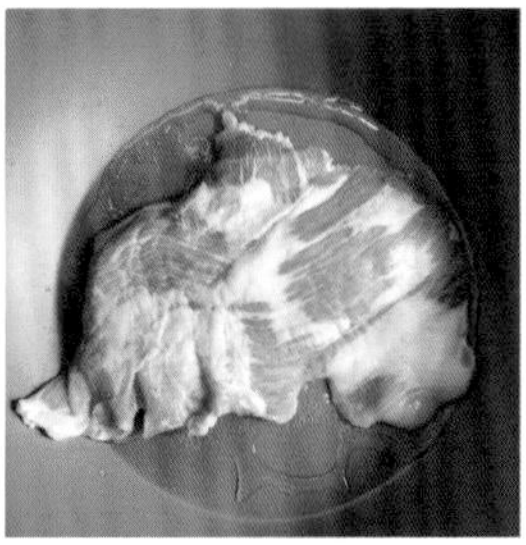

2 將醃好的松阪豬洗淨擦乾，鍋內下1大匙油，冷油放入松阪豬（小知識❷）。

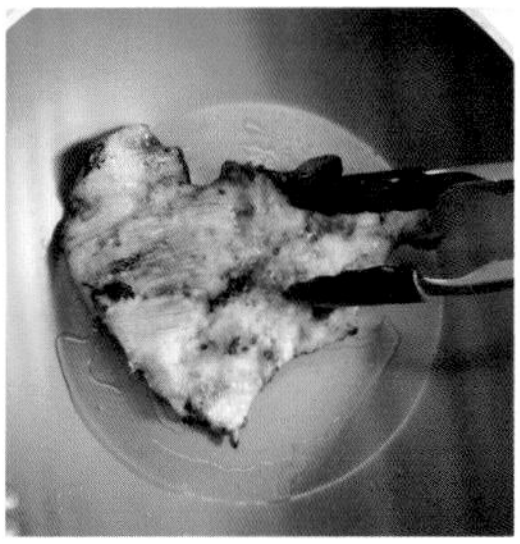

3 中小火煎至兩面上色。

4 加入30cc水，蓋上鍋蓋轉中火燜煎5分鐘。

5 煎至筷子可輕易穿透松阪豬即熟透。

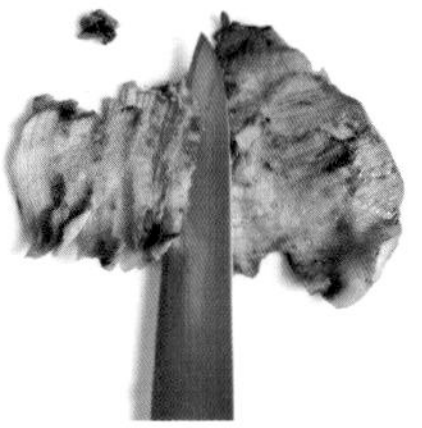

6 取出後，去除部分燒焦處，最後斜切片即完成！

小知識

❶ 味噌挑選超市好買的即可，如：鰹魚、昆布風味皆可。
❷ 醃過味噌的松阪豬特別容易焦，一定要洗去表面味噌並擦乾，再下鍋以「中小火」煎製，此法才能有效避免松阪豬過焦。

日式金針菇茸醬

這道金針菇茸醬，外面買一瓶都要 100 多塊，自己做經濟實惠，
只需一包金針菇就可以完成，成品鹹鹹甜甜的非常下飯，
搭配肉類或豆腐，更是驚為天人的美味唷！

材料（1～2人份）

金針菇…1包（200克）

調味料

醬油…2大匙
米酒…2大匙
味醂…1大匙
鰹魚粉…1小匙
白醋…1小匙

作法

1 金針菇去除根部，切3cm小段並剝散備用。

2 將金針菇舖滿平底鍋，接著加入調味料（除了白醋），以中小火烹煮。

3 煮的過程金針菇會不斷出水，不必擔心會燒焦。

4 可用筷子稍微拌炒幫助上色均勻。

5 煮至湯汁收濃（約5～6分鐘），最後加入白醋即完成！

course

8

吮指檸檬蝦

這道料理有著白蝦的鮮甜、檸檬的芬芳，
以及各類辛香料提供味蕾的刺激，吃起來酸甜清爽且香味撲鼻，
不但特別開胃也是絕佳下酒菜！

材料（1～2人份）

白蝦…14隻（依家境增減）
蔥…1支
蒜頭…4瓣
米酒…50cc

調味料
檸檬汁…50cc（約2顆）
鹽…1/4小匙
糖…1大匙
白胡椒粉…1小匙

作法

1 蔥切蔥花、蒜頭切末、白蝦挑去腸泥、調味料預先混合備用。

2 鍋內下2大匙油，中大火將油燒熱，再將白蝦不重疊放入。

3 保持中大火，煎至蝦身兩面金黃且煎出蝦油，放入蒜末爆香（小知識❶）。

4 接著加入米酒，中大火滾煮1分鐘至酒氣揮發。

5 下混合好的調味料煮滾後關火（小知識❷）。

6 最後撒上蔥花即完成！

小知識

❶ 大火煎至蝦頭處會滲出蝦膏，此時油呈現紅色即為蝦油。
❷ 不必過度加熱，避免檸檬酸味揮發。

course

9

零失敗水嫩蒸蛋

本篇用電鍋製作，分享絕不失敗的蒸蛋黃金比例及蒸煮時間，
調味料部分看似簡單，卻完全不必擔心沒味道，
因好的蒸蛋只需簡單的調味，把鮮美的蛋味引出便可打完收工！

材料（2人份）

蛋…3顆（150cc）
水…300cc
※ 蛋跟水容積比為1：2

調味料
醬油…10cc
鹽…1/8小匙

作法

1 將蛋、水、鹽及醬油放入容器，打散並混合均勻。

2 以篩網過濾掉蛋筋，使成品細緻美觀。

3 以湯匙撈除表面小氣泡，使成品不會有凹陷的坑洞。

4 電鍋不用預熱，外鍋1杯水，放入蛋液蒸15分鐘（小知識❶）。

5 蒸時請於鍋邊夾一根筷子，方便蒸氣散出，使鍋內溫度不過高，如此成品表面才能光滑。

6 15分鐘後即完成，蒸好的成品表面應光滑平整，口感水嫩Q彈不過硬！

小知識

❶ 電鍋第1杯水（160cc）可蒸20分鐘，請於蓋上鍋蓋後計時15分鐘，勿等到蒸至跳起才開蓋查看（蒸蛋會過老）。

course

10

照燒玉米筍肉捲

清脆鮮甜的玉米筍，搭配帶點油脂的梅花肉，兩者在日式照燒醬的作用下，儼然成為一道經典的下飯下酒菜，這道料理製作簡單，深受 IG 廣大網友試做迴響，人人都能變大廚就看這道了，歡迎試做看看，一定會讓家人耳目一新的！

材料（1～2人份）

紅鬚玉米筍…6支（小知識❶）
火鍋梅花豬肉片…6片（小知識❷）
白芝麻…1小匙

調味料
醬油、米酒、味醂…各2大匙

作法

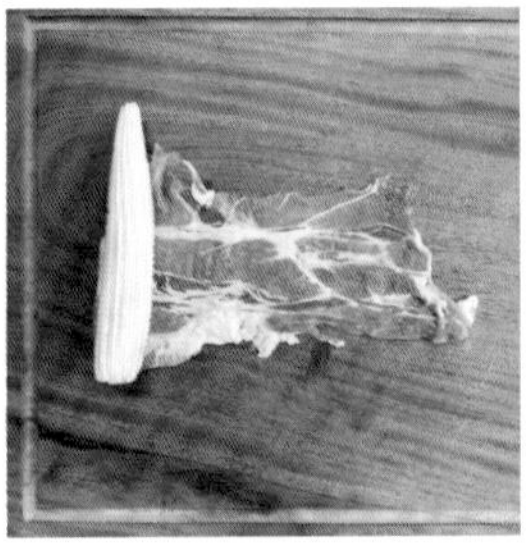

1 2 3 玉米筍洗淨擦乾，置於豬肉片上，順同方向捲起並露出頭尾備用。

4 鍋內下1大匙油，中火將油燒熱，接著放入玉米筍肉捲，放入時請將肉片接合處貼鍋底先煎，如此肉片才易密合不散開。

5 中火煎至肉片上色，接著下調味料收汁，收汁過程可翻動食材，幫助上色均勻。

6 醬汁收濃即完成，成品撒上白芝麻做裝飾更美觀！

小知識

❶ 紅鬚玉米筍於全聯購入，較一般玉米筍大且更清脆鮮甜，不需事先汆燙，直接入鍋煎製即可食用，若買不到亦可用一般小支玉米筍。
❷ 肉片請使用帶有油脂的部位，如：梅花肉片或五花肉片，避免成品乾柴。

course

11

鐵板燒風蔥爆牛肉

有別於第一本食譜書的蔥爆牛柳，這道蔥爆牛肉，是採用鐵板燒的調味與手法，只需將食材大火快炒，並淋上特調醬汁即完成，是一道非常下飯的快手料理，學起來在家也能開心地享受鐵板燒的美味唷！

材料（2人份）

牛板腱（嫩肩里肌）…150 克
蔥…1 根
蒜頭…4 瓣
小辣椒…1/2 根

調味料
醬油、蠔油、米酒…各 1 大匙
烏醋…1/2 大匙
糖…1/4 小匙

作法

1 蔥切蔥花、蒜頭切末、辣椒斜切圈、調味料混合均勻成醬汁備用。

2 鍋內下1大匙油，放入牛肉以中大火炒至半熟。

3 接著加入蔥花、蒜末及辣椒以中火爆香。

4 加入醬汁並用筷子撥散牛肉，拌炒至熟即完成！

PART 03

無油煙拌出一片天

高人氣涼拌菜小品集

course 1

梅香冰釀小番茄

這道料理是許多餐廳的人氣前菜，酸酸甜甜開胃又解膩，
一次做大量醃起來，想吃的時候就可以隨時來上一碟囉！

材料（4～6人份）

聖女小番茄…1盒（600克）
話梅…15顆（40克）
水…500cc

調味料
冰糖…3大匙

作法

1 冷水放入話梅，以中火煮滾後下冰糖。

2 煮至冰糖融解後，關火放涼1小時。

3 小番茄蒂頭劃上淺淺的十字刀痕（小知識❶）。

4 放入滾水汆燙15秒撈出（小知識❷）。

5 撈出後放入冰水泡5分鐘至涼透。

6 接著剝去小番茄的外皮。

7 放入圖2放涼的醬汁中，冷藏浸泡1天即可享用。

小知識

❶ 刀痕不要過深，以免成品不美觀。
❷ 小番茄不可燙過久，以免口感軟爛。

course
2

涼拌綠竹筍（含綠竹筍詳細處理法）

清甜鮮嫩的綠竹筍，是炎炎夏日不可或缺的餐桌美食，
本篇將從挑選、烹調、保存及分切四部分，介紹如何處理綠竹筍，
幫助各位在家也能輕鬆享用這道美味料理唷！

材料（3～4人份）

綠竹筍…6支
沙拉醬…1條
鹽…1小匙

作法

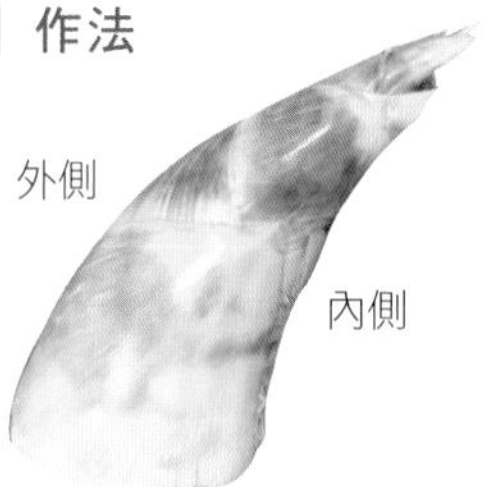

1 綠竹筍挑選小撇步：

1 挑「矮」、「彎」、「短」、「肥」，形似牛角為佳。
2 筍尖不可發青必須是淺黃色，發青代表開始老化，顏色越綠則越苦！
3 底部纖維細緻、白皙且無腐爛味。

2 冷水放入綠竹筍（水要能淹過筍）（小知識❶）。

3 加入1小匙鹽，蓋上鍋蓋大火煮滾，轉中小火煮25分鐘（小知識❷、❸）。

4 取出泡冰水泡涼可直接食用，或放冰箱冷藏，3天內食用完畢即可（小知識❹）。

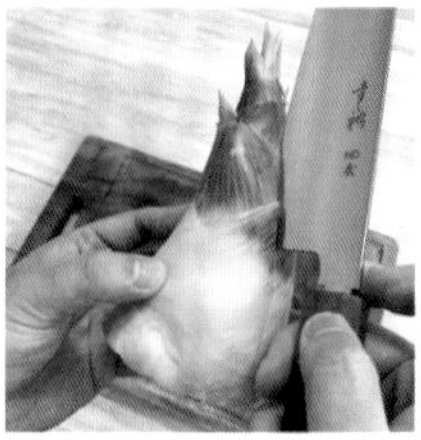

5 煮好的竹筍，由下而上於筍身外側處劃約1cm的刀痕。

6 7 輕輕剝開並轉動，筍殼就會自動脫落。

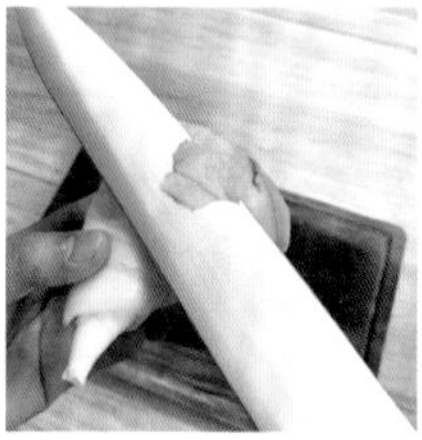

8 用刀將組織較粗的筍衣削掉，下手勿太重以免浪費筍肉！

9 再削掉底部較粗組織。

10 處理好的竹筍切滾刀塊，成品淋上沙拉醬即完成！

小知識

❶ 帶殼煮才能鎖住甜分，去殼煮口感較澀。
❷ 冷水煮熱度才能慢慢滲透至竹筍中心，保有竹筍的鮮甜；若以滾水煮將使竹筍毛細孔瞬間緊縮，苦味無法流失。
❸ 全程不可掀蓋才有燜煮效果，使竹筍水分不流失且口感佳。
❹ 透過冷熱溫度急速轉換的過程，保持竹筍鮮甜與水嫩。

course

3

泰式涼拌海鮮

這道料理可說是泰式料理經典中的經典，製作完全無油煙，
風味清爽酸辣更能襯托海鮮的鮮甜，而且既能當前菜，
也能當作夏日輕食的主餐唷，相當方便！

材料（3～4人份）

蝦仁…15隻（依家境增減）
透抽…1隻（150克）
小番茄…120克
芹菜…1把（60克）
紫洋蔥…1/4顆（80克）
檸檬…2顆
香菜…30克
蒜頭…4瓣
小辣椒…2根

調味料
魚露…2大匙
糖…2大匙
檸檬汁…3大匙

作法

1 小番茄剖半、芹菜切段、紫洋蔥逆紋切絲泡水冷藏1小時、檸檬切塊、香菜、蒜頭及小辣椒切碎、透抽刻花、蝦仁開背去腸泥備用（小知識❶）。

2 透抽撕去外皮，刀面與透抽內側（無皮那面）夾角30度，斜刀劃上細密刀痕且不可切斷，接著垂直劃上同樣細密的刀痕備用（小知識❷）。

3 最後切寬3cm條狀即完成！

4 鍋中加入水及檸檬，大火煮滾放入透抽，汆燙30秒撈出（小知識❸）。

5 承上，放入蝦仁大火汆燙45秒撈出。

6 食材撈出後，放入冰水冰鎮5分鐘（小知識❹）。

7 將冰鎮好的海鮮瀝乾水分，與調味料混合均勻，冷藏1小時入味即完成！

小知識

❶ 涼拌用洋蔥須逆紋切，如此泡水才能快速去除辛辣味。
❷ 刀痕細密間距不可過大，如此透抽才能捲得漂亮。
❸ 汆燙海鮮使用檸檬塊去腥，效果較好且能使成品更潔白。
❹ 冰鎮可使海鮮更Q彈。

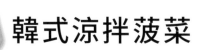

course

4

韓式涼拌菠菜

韓式料理中的涼拌菜，一直都是我的心頭好，
尤其這個冬季限定的涼拌菠菜，製作簡單卻開胃又下飯，
往往一端上桌就被賓客秒殺，受歡迎程度不下主菜呢！

材料（2～3人份）

菠菜…1大把（300克）
板豆腐…半塊（150克）
蒜泥…1小匙
白芝麻…1大匙

調味料
鹽…1/2小匙
韓式芝麻油…1大匙

作法

1 菠菜切段，蒜頭磨泥備用。

2 水滾先下菜梗汆燙10秒。

3 接著放菜葉汆燙20秒。

4 兩者同時撈出泡冷水，泡涼後取出擠乾水分備用（小知識❶）。

5 原鍋以滾水汆燙豆腐2分鐘。

6 取出壓碎並擠乾水分。

7 擠碎的豆腐與瀝乾的菠菜、鹽、蒜泥及韓式芝麻油抓拌均勻，最後撒上白芝麻即完成（小知識❷）！

小知識

❶ 先下菜梗再放菜葉，才能保持熟度一致，泡冷水是避免菠菜繼續熟化，如此便能將鮮度保留在完美那一刻。

❷ 所有食材務必要擠乾水分，否則成品吃起來會不夠入味！

course

5

韓式涼拌黃豆芽

這道料理材料便宜、製作方便、四季皆宜，
是韓國很常見的桌邊小菜，若不喜歡韓式風味的朋友，
可省略辣椒粉的部分，直接變成中式涼拌黃豆芽唷！

材料（2～3人份）

黃豆芽…1 包（180 克）
蔥…1 支
蒜泥…2 小匙
白芝麻…2 小匙

調味料
醬油…1 大匙
韓式芝麻油…1 大匙
韓式細辣椒粉、白醋、糖…1/2 大匙
鹽…1/8 小匙

作法

1 黃豆芽洗淨、蔥切蔥花、蒜頭磨泥備用。

2 起一鍋滾水放入黃豆芽。

3 蓋上鍋蓋大火煮3分鐘。

4 撈出過冰水5分鐘（小知識❶）。

5 取出瀝乾並加入調味料及白芝麻。

6 抓拌均勻即完成！

小知識

❶ 過冰水可避免黃豆芽繼續熟化且保持口感清脆。

course 6

涼拌海帶芽

這道料理製作簡單且美味又低卡，吃起來毫無負擔，酸酸甜甜特別適合作為夏日提振食慾開胃菜！

材料（3～4人份）

乾的海帶芽…20克（小知識❶）
洋蔥…半顆（180克）
蒜泥…10克
白芝麻粒…10克

調味料

白醋…6大匙
糖…2大匙
韓式芝麻油…1.5大匙
鹽…1/4小匙

作法

1 蒜頭磨泥、乾海帶芽泡水5分鐘、洋蔥逆紋切細絲，泡水冷藏1小時備用（小知識❷）。

2 海帶芽以滾水汆燙2分鐘，撈出瀝乾備用。

3 盆中放入洋蔥絲、白芝麻粒、瀝乾的海帶芽及調味料。

4 攪拌均勻冷藏2小時至入味即完成！

小知識

❶ 乾的海帶芽泡水後會膨脹得比原本體積大上非常多，浸泡時切莫貪心一次泡太多唷！
❷ 涼拌用洋蔥須逆紋切，如此泡水才能快速去除辛辣味。

course 7

涼拌茄子

涼拌茄子是餐館很受歡迎的一道菜，艷紫透嫩的茄子吸附靈魂醬汁，再搭配辛香料真的超級開胃！正所謂「條條大路通羅馬」，有關茄子如何保持紫色且軟嫩熟透，方法有許多種，本書前導有更詳細介紹，歡迎翻回去溫故知新唷！

材料（1～2人份）

茄子…2 根
蔥…1 支
蒜頭…4 瓣
小辣椒…1/2 根

泡茄子用白醋水

水…1000cc
白醋…60cc

調味料

醬油…1 大匙
糖及烏醋…各 1/2 大匙
香油…1 小匙
鹽…1/4 小匙

作法

1 茄子切6至8cm段、蔥切蔥花、蒜頭切末、小辣椒切圈備用。

2 切段茄子泡入白醋水10至15分鐘（小知識❶）。

3 將蔥花、蒜末、辣椒及調味料預先混合均勻。

4～5 起一鍋滾水，將茄子皮面朝上，迅速放入鍋中，快速將鍋蓋蓋上，大火蒸6分鐘至軟取出（小知識❷）。

6 最後將調味料淋上即完成！

小知識

❶ 茄子預先泡白醋水可避免氧化發黃，且蒸過不易變色！

❷ 除了大火蒸煮外，請至「象廚開煮小講堂」p.26，還有茄子保色的其他祕訣！

course 8

廣式泡菜

這道料理是專門設計用來搭配玫瑰油雞的，兩者相輔相成，
有了油雞卻沒有這酸甜爽脆的廣式泡菜，彷彿就少了靈魂呀！
歡迎大家製作時兩道一起做～保證百吃不膩唷！

材料（3～4人份）

白蘿蔔…1根（400克）
紅蘿蔔…1根（200克）
小黃瓜…2根（200克）
殺青用鹽…32克（4%）（小知識❶）

調味料
鹽…5克
水…100克
糖…150克
白醋…300克

作法

1～3 白蘿蔔與紅蘿蔔同作法，去皮切2cm厚片，再斜切4cm條狀。

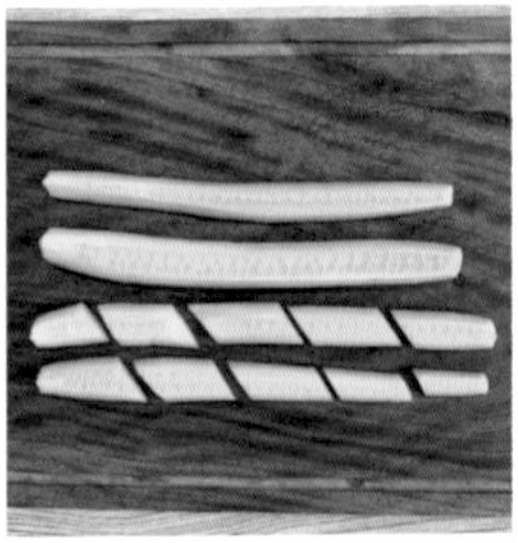

4 小黃瓜一開四，去除瓜囊斜切成2×4cm條狀備用。

5 將所有蔬菜加入殺青用鹽，殺青2小時備用。

6 倒掉蔬菜釋出的澀水。

7 以食用水清洗乾淨並瀝乾。

8 加入調味料攪拌均勻，冷藏醃漬1天即可食用。

小知識

❶ 殺青：蔬菜加鹽去除澀水及苦味的過程。

PART 04

廚房必備小幫手

免顧火電鍋料理

course 1

牛肉羅宋湯

這道料理製作有兩重點，其一是蔬菜都要切成小丁口感才會好，其二是要把所有的蔬菜，以中小火炒透炒出甜味，湯品的風味才會讓人驚艷，要記得沒有把蔬菜炒透的羅宋湯是沒有靈魂的！

小知識

❶ 無歐芹與百里香者，以義大利綜合香料粉代替即可。
❷ 羅宋湯的所有蔬菜都必須切小丁，成品口感才正確！
❸ 所有蔬菜（除了馬鈴薯）都必須炒透炒軟，可參考「象廚開煮小講堂」p.32 說明，此步驟是決定羅宋湯的成敗，請耐心拌炒！
❹ 白酒內含單寧，必須燒乾去除單寧中的酸味留下果香。

材料（4～6人份）（小知識❶）

牛肋條…600 克
洋蔥…1 顆（300 克）
紅蘿蔔…1 根（200 克）
西洋芹…2 根（150 克）
高麗菜…1/4 顆（250 克）
馬鈴薯…1 顆（300 克）
牛番茄…2 顆（300 克）
蒜頭…6 瓣（30 克）
月桂葉…1 片
百里香（Thyme）…5 根
歐芹（Parsley）…3 根
料理白酒…50cc
水…1200cc
番茄糊…3 大匙

調味料

鹽…1/4 小匙（炒番茄用）
鹽、糖、黑胡椒粉…1/2 小匙（成品調味用）

作法

1 蒜頭切末、洋蔥切塊、牛番茄、紅蘿蔔、西洋芹、馬鈴薯切小丁、高麗菜切小片、牛肋條切3至5cm塊備用（小知識❷）。

2 鍋內下2大匙橄欖油，放入牛肋條煎至上色取出備用。

3 利用鍋中餘油，中小火將洋蔥（5分鐘）、紅蘿蔔（5分鐘）、西洋芹（3分鐘）炒透（小知識❸）。

4 加入蒜末、番茄及1/4小匙鹽，炒至番茄呈泥狀（5分鐘）。

5 加入高麗菜小片，炒至軟化且水分釋出（5分鐘）。

6 加入馬鈴薯小丁及番茄糊，炒至所有食材上色（1分鐘）。

7 加入白酒，大火滾煮至水分收乾（小知識❹）。

8 內鍋放入牛肉、百里香、月桂葉及炒好的蔬菜（再次強調務必全部炒透如圖中所示）。

9 內鍋加水淹過食材，外鍋共4杯水蒸至牛肋條軟化即完成。

10 完成後加入調味料，撒上切碎歐芹即完成！

course

2

香菇瓜仔雞湯

這道湯品只需新鮮仿土雞，再搭配上香菇及脆瓜，
便能煮出美味又暖心的雞湯料理唷！

材料（3～4人份）

仿土雞腿…1支（600克）
脆瓜罐頭…1瓶（180克）
乾香菇…12朵（泡開後180克）
薑片…2片
水…1100cc
香菇水…100cc
米酒…1大匙

調味料
鹽…1/2小匙

作法

1 乾香菇以冷水泡發2小時、薑切片備用。

2 冷水放入雞肉，以中大火將水煮滾（小知識❶）。

3 滾煮1分鐘後，取出雞腿洗淨備用。

4 內鍋放入薑片、雞腿、乾香菇、水、米酒、香菇水、一半的脆瓜，及所有脆瓜醬汁，外鍋2杯水蒸至跳起。

5 跳起後加入另一半脆瓜，外鍋再1/4杯水蒸至跳起，起鍋前加鹽調味即完成（小知識❷）！

小知識

❶ 帶骨食材請從冷水開始汆燙，如此才能有效釋出血汙及雜質，若以熱水汆燙，因蛋白質瞬間凝結，血汙及雜質無法有效去除。
❷ 起鍋前放另一半脆瓜，可使成品有兩種不同口感，較有層次感。

course

3

鳳梨苦瓜雞湯

這道湯品為經典的古早味，苦瓜經過處理後，
苦味驟減十分討喜，再搭配蔭鳳梨一起烹煮，
無需過多的食材及調味，便能喝出湯頭之甘醇與清甜！

材料（3～4人份）

仿土雞腿…1隻（600克）
苦瓜…1/2根（200克）
薑片…3片
水…1400cc
蔭鳳梨醬…250克（小知識❶）
米酒…2大匙

調味料

鹽…1/2小匙
外鍋…2杯水

作法

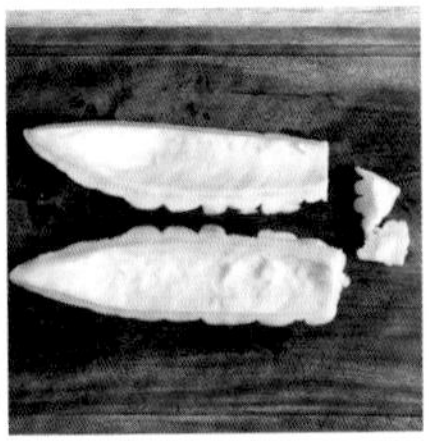

1～4 薑切片、苦瓜以湯匙去籽，接著切去蒂頭斜切段備用。

5 冷水放入雞肉，以中大火將水煮滾，滾煮1分鐘後，取出雞腿洗淨備用（小知識❷）。

6 重起一鍋水，煮滾後下苦瓜汆燙2分鐘備用（小知識❸）。

7 內鍋放入薑片、苦瓜、雞肉、蔭鳳梨醬、米酒及水，外鍋2杯水蒸至跳起。

8 起鍋前加鹽調味即完成！

小知識

❶ 特別注意蔭鳳梨醬的品牌差異大，直接影響成品，本次使用品牌為「愛鄉」。
❷ 帶骨食材請從冷水開始汆燙，如此才能有效釋出血汙及雜質，若以熱水汆燙，因蛋白質瞬間凝結，血汙及雜質較無法有效去除。
❸ 苦瓜汆燙過較不苦。

course

4

番茄玉米排骨湯

這道湯品可說是我的日常生活中最常煮的湯品，除了簡單方便外，排骨濃郁的湯頭，搭配上兩款蔬菜不同層次的清甜，完美地演繹了家常料理最完美的樣子！製作時須特別注意，這道湯品番茄一定要炒過，若沒有炒過直接放入電鍋，不管蒸再久番茄中的味道都無法釋放唷！

材料（3～4人份）

梅花排骨…600 克
黃玉米…1 根（350 克）
牛番茄…1 顆（250 克）
薑片…3 片
水…1500cc
米酒…2 大匙

調味料

鹽…1/4 小匙（炒番茄用）
鹽…1/2 小匙（成品調味用）

作法

1 薑切片、玉米切段、番茄切塊備用。

2 冷水放入排骨，以中大火汆燙（小知識❶）。

3 滾煮1分鐘後，取出排骨洗淨備用。

4 鍋內下1大匙油，加入鹽及番茄塊，炒至番茄出水且軟爛（小知識❷）。

5 內鍋放入薑片、玉米、番茄、排骨、米酒及水，外鍋2杯水蒸至跳起。

6 起鍋前加鹽調味即完成！

小知識

❶ 帶骨食材請從冷水開始汆燙，如此才能有效釋出血汙及雜質，若以熱水汆燙，因蛋白質瞬間凝結，血汙及雜質較無法有效去除。
❷ 番茄加鹽可加速軟化過程，本道湯品番茄必須用油炒透，如此味道才能釋放，是相當關鍵步驟。

course

5

竹筍排骨湯（含麻竹筍詳細處理法）

竹筍排骨湯也是常見的家常湯品，但是使用的竹筍並非綠竹筍，而是較大根的麻竹筍，使用麻竹筍不但較綠竹筍對味，且成本也比較低，是一道不必看家境也能享用的美味湯品～本篇將針對如何挑選及分切麻竹筍做詳細介紹，要仔細看下去唷！

材料（3～4人份）

麻竹筍…1/2支（500克）
梅花排骨…500克
薑片…2片
米酒…2大匙
水…1400cc

調味料
鹽…1/2小匙

作法

1 麻竹筍挑選小撇步：
1 與綠竹筍恰好相反，請挑圓錐、直立狀的。
2 筍尖不可發青必須是淺黃色，發青代表開始老化，越綠則越苦！
3 底部纖維細緻、白皙、無腐爛味。

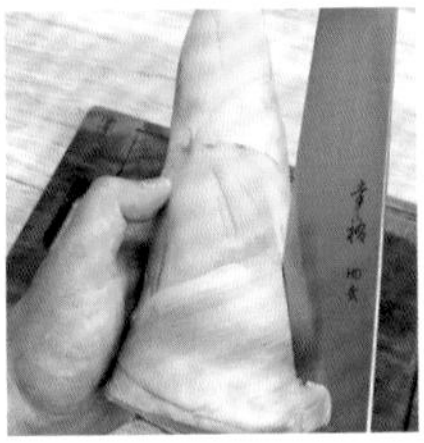

2 由下而上於筍身處劃約1cm的刀痕。

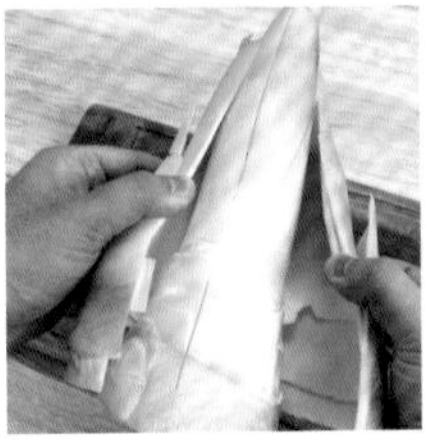

3 輕輕剝開並轉動，筍殼就會自動脫落。

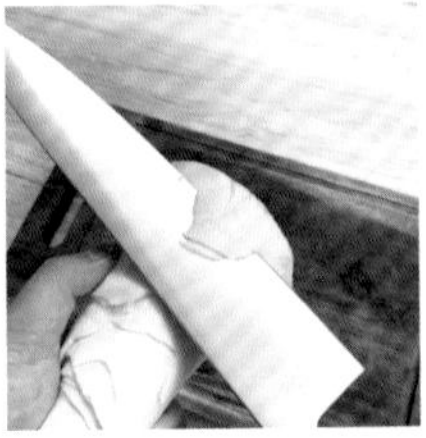

4 用刀將組織較粗的筍衣削掉，下手勿太重以免浪費筍肉。

5 再削掉底部較粗組織。

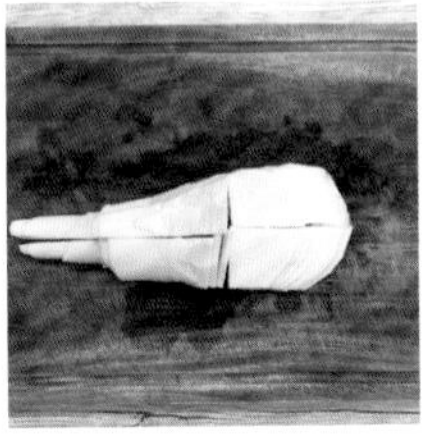

6 處理好的竹筍對切再對切成1/4條，接著切1cm薄片狀備用。

7 冷水放入排骨，中大火將水煮滾，滾煮1分鐘後，取出排骨洗淨備用（小知識❶）。

8 內鍋放入薑片、排骨、竹筍、米酒及水，外鍋4杯水蒸至跳起。

9 起鍋前加鹽調味即完成！

小知識

❶ 汆燙帶骨類食材請從冷水開始煮起，雜質才能有效釋出！

course 6

香菇雞肉粥

充滿濃郁的香菇風味，且綿密好入口的香菇雞肉粥，
冷冷的天來上一碗真是特別幸福呀！

材料（3～4人份）

乾香菇…10朵（泡開後150克）
雞胸肉…2片（500克）
蔥…1支
米…1杯
香菇水…2杯
水…5杯（可換成雞高湯增添風味）

雞肉醃料

醬油…1.5大匙
米酒…1/2大匙
白胡椒粉…1/4小匙

調味料

香油…1小匙
鰹魚粉…1/2小匙
鹽…1/2小匙
白胡椒粉…1/4小匙

作法

1 蔥切蔥花、米洗淨瀝乾、雞胸肉切小丁，以雞肉醃料抓醃15分鐘、乾香菇以冷水泡發2小時，取出擠乾水分切絲，泡發後的香菇水，留下2杯的量備用。

2 內鍋放入米、水、香菇水及乾香菇絲，外鍋2杯水蒸至跳起（小知識❶）。

3 跳起後加入醃好的雞胸肉，外鍋再1/2杯水蒸至跳起（小知識❷）。

4 確認雞胸肉均熟透，起鍋前加入調味料攪拌均勻。

5 最後加入蔥花即完成！

小知識

❶ 電鍋煮粥，米：水＝1：7。
❷ 雞胸最後放才能保持鮮嫩口感，醃漬的醬汁可一併入鍋增添粥品醬色。

course

7

皮蛋瘦肉粥

經典的皮蛋瘦肉粥也能用電鍋製作，
在天氣漸寒時，和家人一同來上一碗既暖胃又暖心，
真的是生活中最幸福的小事呢！

材料（3～4人份）

肉絲…150 克
皮蛋…3 顆
油條…1 根
蔥…1 支
米…1 杯
水…7 杯（可用豬大骨高湯取代）

豬肉醃料

水…1 大匙
玉米粉…1/2 大匙
米酒…1/2 大匙
鹽…1/4 小匙

調味料

香油…1 小匙
鹽、鰹魚粉…各 1/4 小匙
白胡椒粉…1/8 小匙

作法

1～2 米洗淨瀝乾、蔥切蔥花、皮蛋1開4後切小塊、豬肉以豬肉醃料醃15分鐘備用。

3 內鍋放入米與水，外鍋2杯水蒸至跳起（小知識❶）。

4 需煮至米粒呈現開花軟爛狀。

5 加入肉絲及皮蛋，外鍋再1/2杯水蒸至跳起。

6 起鍋前加入調味料攪拌均勻，成品撒上蔥花，上桌前放上油條點綴即完成！

小知識

❶ 電鍋煮粥，米：水＝1：7。

course

8

古早味麻油雞飯

麻油系列料理，一直是秋冬最動人的美味！我在第一本食譜書已有分享過油飯作法的麻油雞飯，本篇是炊飯作法的麻油雞飯，只須將炒過的料頭與生米一起入鍋烹煮，便能品嘗到香氣滿滿、風味清爽的美味炊飯唷！

材料（3～4人份）

去骨雞腿排…2片（500克）
泡發乾香菇…10朵（150克）
香菇水…1.8杯
米…2杯
蔥…1支
薑片…8片（40克）
米酒…2大匙
黑麻油…2大匙
沙拉油…1/2大匙

雞肉醃料
醬油與米酒…各1大匙

調味料
醬油…1大匙
鹽…1/2小匙

作法

1 薑切片、蔥切蔥花、米洗淨瀝乾、雞肉以雞肉醃料醃15分鐘、乾香菇以冷水泡發2小時，取出擠乾水分切絲，泡發後的香菇水，留下1.8杯的量備用（小知識❶）。

2 將黑麻油、沙拉油及薑片放入鍋中，中小火煸至薑片起毛邊備用（小知識❷）。

3 接著加入乾香菇，以中火炒香。

4 下醃好的雞肉炒至半熟。

5 加入醬油及米酒，大火滾煮1～2分鐘至酒氣揮發（小知識❸）。

6 內鍋依序放入米、炒好的食材，及1.8杯香菇水，外鍋1.5杯水蒸至跳起後燜10分鐘（小知識❹）。

7 起鍋前加入鹽調味並翻拌均勻，最後撒上蔥花即完成！

小知識

❶ 炊飯用的米務必瀝乾，以免水量計算錯誤，導致成品過濕影響口感。
❷ 黑麻油混沙拉油可有效避免加熱時發苦。
❸ 米酒務必滾煮揮發酒氣，避免成品酒味過重。
❹ 炊飯因食材含有水分，米、水比應為1：0.9，故香菇水只需取1.8杯，避免成品過於濕潤。

course

9

日式雞肉炊飯

這道料理是非常方便的懶人料理，美味的雞腿肉搭配各式的蔬菜，加上日式風味基底，保證讓大人小孩一吃成主顧，一鍋瞬間見底！

材料（3～4人份）

去骨雞腿排…1片（250克）
紅蘿蔔…1根（180克）
鴻喜菇…1包（120克）
玉米筍…1盒（100克）
米…2杯
蔥…1支

雞肉醃料

醬油、米酒、味醂…1/2大匙

調味料

水…243cc、醬油、米酒、味醂…各15cc（合計1.8杯）（小知識❶）
鰹魚粉…1小匙
鹽…1/4小匙

作法

1 米洗淨瀝乾、蔥切蔥花、玉米筍切粒、紅蘿蔔切絲、鴻喜菇去根部剝散、雞腿肉切3×3cm塊，以雞肉醃料抓醃15分鐘、調味料（除了鹽）混合均勻備用。

2 鍋內下1大匙油，中火將紅蘿蔔絲炒軟。

3 接著下玉米筍粒及鴻喜菇略為翻炒。

4 再放入雞腿肉炒至7分熟。

5 內鍋依序放入米、炒好的食材、調味料（除了鹽），外鍋1.5杯水蒸至跳起後燜10分鐘（小知識❷）。

6 起鍋前加入鹽調味並翻拌均勻，最後撒上蔥花即完成！

小知識

❶ 炊飯因食材含有水分，米、水比應為1：0.9，故2杯米需對應1.8杯液體（醬油＋米酒＋味醂＋水）。
❷ 炊飯用的米務必瀝乾，以免水量計算錯誤，導致成品過濕影響口感。

course 10

香菇高麗菜炊飯

這道料理的食材有著滿滿的台味元素，紅蔥頭與蝦米奠定的基底，搭配乾香菇特殊香氣，以及新鮮蔬菜的甜感，所有的味道與白米飯混合在一起，端上桌保證一吃就愛上！

材料（3～4人份）

高麗菜…400 克
五花肉…80 克
乾香菇…10 朵
紅蘿蔔…60 克
紅蔥頭…20 克
蝦米…20 克
米…2 杯
香菇水…1.8 杯（小知識❶）

調味料

醬油…3 大匙
米酒…1 大匙
蝦米水…1 大匙
白胡椒粉…1/8 小匙
鹽…1/4 小匙

作法

1 米洗淨瀝乾、紅蔥頭切片、紅蘿蔔切絲、五花肉切條、高麗菜切3×6cm長條狀、香菇與蝦米洗淨，以冷水分別泡發2小時（留下1.8杯香菇水及1大匙蝦米水），接著將蝦米瀝乾、香菇擠乾水分切絲備用（小知識❷）。

2 鍋內下1大匙油，冷鍋放入豬五花肉條，中小火煸至金黃上色。

3 放入紅蔥頭以中火爆香至呈現金黃色。

4 接著加入蝦米及香菇絲炒香。

5 再加入紅蘿蔔絲及高麗菜炒軟。

6 最後加入醬油、米酒、蝦米水及白胡椒粉拌炒均勻。

7 內鍋依序放入米及炒好的食材，再加入1.8杯香菇水，外鍋1.5杯水蒸至跳起後燜10分鐘。

8 起鍋前加入鹽調味並翻拌均勻即完成！

小知識

❶ 炊飯因食材含有水分，米水比應為1：0.9，故2杯米對應1.8杯香菇水。
❷ 炊飯用的米務必瀝乾，以免水量計算錯誤，導致成品過濕影響口感。

course 11

馬鈴薯燉月亮軟骨

這道料理改編自日式馬鈴薯燉肉，
巧妙地將豬肉塊換成更有口感的月亮軟骨，讓這道料理充滿驚喜感！
整體風味清爽還有滿滿的湯汁，不管拌飯或拌麵吃都適合！

材料（3～4人份）

月亮軟骨…300克
馬鈴薯…2顆（360克）
紅蘿蔔…1根（250克）
洋蔥…1顆（300克）

調味料（小知識❶）
醬油…100cc
米酒…100cc
味醂…50cc
水…850cc

作法

1～3 洋蔥切絲、馬鈴薯、紅蘿蔔切滾刀塊、月亮軟骨切4×4cm塊狀備用。

4 鍋內下2大匙油，大火將月亮軟骨煎至上色取出備用。

5 原鍋加入洋蔥、紅蘿蔔及馬鈴薯，中火拌炒3分鐘。

6 接著放回月亮軟骨並加入調味料，大火煮滾撇去浮沫。

7 放入電鍋內鍋，外鍋4杯水蒸至跳起（小知識❷）。

8 蒸至月亮軟骨帶阻力但可輕易穿透即完成！

小知識

❶ 日式燉肉非台式滷肉，調味不需太濃，醬油：液體（米酒、味醂、水）＝1：10即可。
❷ 使用梅花肉塊者，外鍋2杯水即可；使用火鍋肉片者，肉片最後下，外鍋1/4杯水即可。

course 12

紅燒番茄豬肉麵

燉到入口即化的豬肉配搭入味的白蘿蔔，再喝一口滿滿蔬菜基底的湯頭，儼然是餐桌最美好的風景，這道料理即便不做成湯麵，直接當作一道菜出餐也完全沒問題唷！

不加麵的番茄紅燒豬肉

材料（3～4人份）

帶皮胛心肉…700克（小知識❶）
白蘿蔔…2/3根（400克）
紅蘿蔔…1根（250克）
洋蔥…1/2顆（200克）
牛番茄…2顆（300克）
蔥…3根
薑…3片
蒜頭…8瓣（25克）
小紅辣椒…1/2根
八角…1顆

調味料（小知識❷）
水…5.5杯
米酒…0.5杯
醬油…1.5杯
冰糖…1/2小匙
白胡椒粉…1/4小匙

作法

1 薑切片、蒜頭去蒂頭、洋蔥及番茄切塊、紅白蘿蔔切3cm厚塊、帶皮胛心肉切6cm條狀備用。

2 鍋內下1大匙油，大火將胛心肉煎至上色。

3 接著下番茄及洋蔥，中火炒至番茄出水軟化（小知識❸）。

4 下蔥、薑、蒜、小紅辣椒及八角中火爆香。

5 加入調味料大火煮滾撇去浮沫。

6 內鍋放入步驟5及紅、白蘿蔔，外鍋4杯水蒸至跳起。

7 將紅、白蘿蔔、帶皮胛心肉取出並過濾滷汁。

8 放涼後浸泡一晚即完成。

小知識

❶ 可用梅花肉、豬腱子肉代替，五花肉口感不適合。
❷ 醬油：液體（米酒、水）＝1：4。
❸ 番茄務必炒至軟化，成品風味才會好。

course

13

樹子蒸魚

樹子是台式料理特有的調味品，用來蒸魚可說是一絕，
這道料理製作簡單，成品更是懷念的古早味，
對於不擅長全魚料理的朋友，一定要試試看！

材料（4人份）

大比目魚片…1片（260克）
蔥…1根
嫩薑…15克

魚肉醃料
米酒…1大匙
鹽…1/2小匙

調味料（小知識❶）
樹子…2大匙
醬油…1小匙

作法

1 蔥、薑切絲、魚肉以魚肉醃料抓醃10分鐘備用。

2 樹子需每粒都擠破，才能完全釋放味道。

3 蔥絲泡水使其捲曲備用。

4 魚肉淋上調味料，舖上嫩薑備用。

5 外鍋1杯水，預熱5分鐘，放入魚肉蒸8分鐘（小知識❷）。

6 起鍋後舖上蔥絲，淋上熱油（可省略）即完成！

小知識

❶ 各家樹子味道不盡相同，味道偏鹹者可省略醬油。
❷ 魚肉須快速蒸熟才能保持口感與鮮度，故電鍋必須事先預熱。

course 14

大黃瓜鑲肉

大黃瓜表皮有疣狀的刺，故又稱作刺瓜，是盛產於夏季的瓜類，便宜退火又好吃，鑲進醃過的豬絞肉入，清甜的口感與噴發的肉汁，賣相好看又好吃，非常適合當作宴客菜唷！

材料（4人份）

大黃瓜…1條（500克）
豬絞肉…200克
泡發乾香菇…2朵（30克）
蔥…1支
玉米粉水…1大匙

調味料
醬油…2大匙
米酒…1大匙
鹽、糖、白胡椒粉…各1/4小匙

作法

1 蔥切蔥花、乾香菇冷水泡發1小時，取出擠乾水切成小丁，豬絞肉剁細備用（小知識❶）。

2 將絞肉、香菇丁、蔥花及調味料混合均勻，攪打出筋產生黏性。

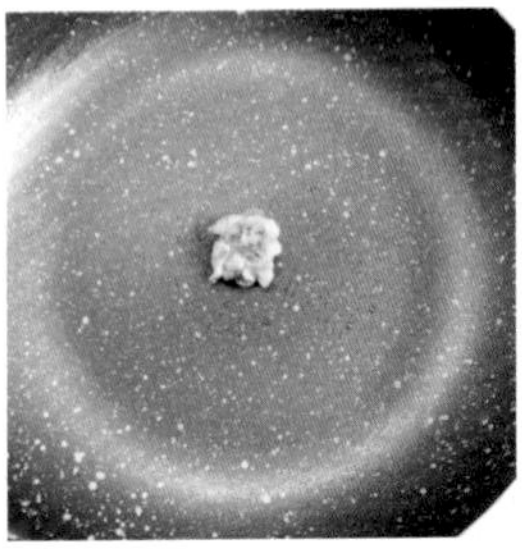

3 可取1小塊煎熟試吃味道。

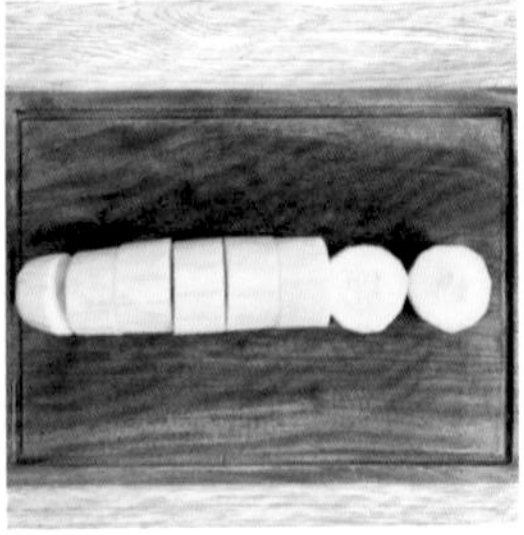

4 大黃瓜平均切成3cm厚塊。

5 用刀挖出中間瓜囊。

6 塞入做好的肉餡。

7 內鍋放入大黃瓜鑲肉，外鍋1杯半的水蒸至跳起。

8 將盤中湯汁取出，中小火加熱並以玉米粉水勾芡，最後淋在大黃瓜鑲肉即完成（此步驟可省略）！

小知識

❶ 豬絞肉可請店家絞2次，或買回家自行剁細，成品口感才會細緻。

PART 05

一鍋解決一餐

省時省力好料理

course

1

台式炒米粉

台式米粉與其說是炒更像是用拌的，
核心概念很簡單，只需要把料炒香，調出美味的醬汁，
最後讓米粉吸附即可。

材料（3～4人份）

新竹炊粉…200 克
肉絲…150 克
紅蔥頭…20 克
蝦米…20 克
乾香菇…8 朵（泡開 130 克）
紅蘿蔔…1/4 根（60 克）
高麗菜…1/4 顆（250 克）
水…150cc

肉絲醃料

醬油…1.5 大匙
米酒…1 大匙
玉米粉…1/2 大匙
白胡椒粉…1/8 小匙

調味料

米酒…1 大匙
醬油…3 大匙
香菇水、蝦米水…各 4 大匙
鹽、白胡椒粉…各 1/4 小匙

作法

1 紅蔥頭切片、紅蘿蔔切絲、高麗菜切3×6cm條狀、肉絲以肉絲醃料醃15分鐘、香菇與蝦米洗淨，分別以冷水泡發2小時（留下各4大匙香菇水及蝦米水），接著將蝦米瀝乾、香菇擠乾水分切絲備用。

2 米粉以滾水汆燙1分鐘軟化撈出（小知識❶、❷）。

3 撈出後剪1至2刀放置備用（小知識❸、❹）。

4 鍋內4大匙油，中火爆香紅蔥頭（小知識❺）。

5 接著放入乾香菇與蝦米炒香。

6 再下紅蘿蔔絲、及肉絲拌炒均勻。

7 加水、高麗菜及調味料，大火拌炒至高麗菜軟化。

8 9 放入米粉，持續拌炒至米粉吸收完醬料即完成！

小知識

❶ 米粉燙至稍微軟化即可，後續還會再燜煮。
❷ 特別注意純米米粉（包裝後有成分）不需要汆燙，以免糊爛！
❸ 米粉不必剪太多下，以免成品太細碎口感差。
❹ 米粉需要放置蒸散水氣，成品才會Q彈。
❺ 不必等紅蔥頭金黃酥脆，飄香即可下一步，否則炒久會苦。

course 2

府城軟骨飯

這是一道台南常見的料理，不同於一般的滷肉，其使用的部位是豬五花軟骨，吃起來軟嫩 Q 彈似牛筋的口感，再搭配鹹香下飯的滷汁，那滋味妙不可言呀！

材料（3～4人份）

五花軟骨…700克（小知識❶）
蔥…5根
薑片…3片
蒜頭…5瓣

材料（香料）
八角…1顆
月桂葉…1片
花椒粒…20～30粒（5克）
乾辣椒…1大匙（5克）

調味料（小知識❷）
醬油…150cc
水…700cc
米酒…50cc
冰糖…1小匙
白胡椒粉…1/8小匙

作法

1 蔥切長段、薑切片、蒜頭去蒂頭、五花軟骨切段備用。

2 鍋內下1大匙油，中大火將五花軟骨煎至表面上色備用。

3 接著中火爆香蔥段、薑片、蒜頭及乾辣椒。

4 下醬油、米酒、冰糖及白胡椒粉，以大火滾煮1分鐘。

5 加水（須淹過食材）、月桂葉、八角及花椒粒，大火將滷汁煮滾（小知識❸）。

6 移入燉鍋，蓋上鍋蓋轉小火燉煮3小時（小知識❹）。

7 燉煮至以筷子戳刺可輕易穿透軟骨與肉。

8 最後過濾湯汁，浸泡1夜更入味！

❶ 此部位（參考「象廚開煮小講堂」p.13）較難買，可先跟市場老闆預定。
❷ 醬油（150cc）：水（700cc）＋米酒（50cc）＝1：5。
❸ 滷汁要比喝湯再鹹一點，燉煮後就會剛好！
❹ 燉煮過程若滷汁太少，可補熱水至原水位繼續燉煮。

course

3

超黏嘴名店滷肉飯

這道料理是營業用的滷肉飯簡化版。
特別注意使用的部位是皮油而非五花肉，
因為該部位才有大量膠質，方能做出黏嘴版本的滷肉飯！

材料（4～6 人份）

豬頸皮油…600 克（小知識❶）
紅蔥頭…10 瓣（50 克）
蒜頭…5 瓣（30 克）
蔥…7 支（100 克）
水…700cc

調味料

米酒…50cc
醬油…75cc
醬油膏…75cc
五香粉、白胡椒粉…1/2 小匙
冰糖…1 小匙

作法

1 紅蔥頭切薄片、蒜頭去蒂頭、蔥切長段備用。

2 將豬頸皮油放入冷水中，大火將水煮滾，汆燙5分鐘取出（小知識❷）。

3 將汆燙好的豬頸皮油先切1cm寬，再切成細長條備用。

4 鍋內不放油，將豬頸皮油放入鍋中，以中火拌炒10分鐘。

5 將逼出的豬油瀝掉，鍋中僅留下1大匙豬油備用。

6 下蔥段、蒜頭及紅蔥頭以中火爆香。

7 飄香後，下調味料以大火滾煮1分鐘。

8 接著移入鍋中，加水淹過食材，大火煮滾後，蓋上鍋蓋，轉小火燉煮1.5小時（小知識❸、❹）。

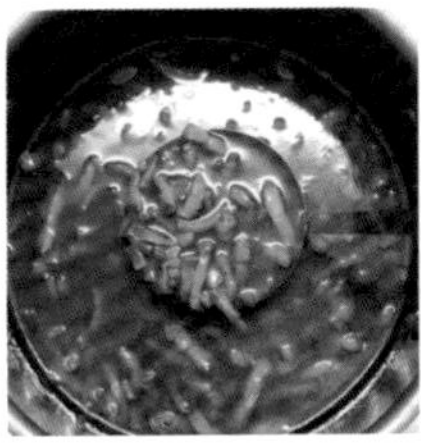

9 最後取出蒜頭與蔥段，放涼後冷藏一晚更入味。

小知識

❶ 此部位不好買，可先跟市場老闆預定，若無，用豬背皮油（熬煮時間較久）亦可。

❷ 汆燙是為了去腥，且後續較好切。
❸ 醬油（醬油、醬油膏）：液體（米酒、水）＝1：5，燉煮過程若滷汁太少，可補熱水至原水位繼續燉煮。
❹ 滷汁要比喝湯再鹹一點，燉煮後就會剛好！

course

4

香菇肉燥乾拌麵

這道料理進可攻、退可守，喜歡乾香菇氣味就照著食譜做，
不喜歡就捨棄直接轉型成古早味肉燥，
一種做法可變通成兩種肉燥，相當實用！

材料（4～6人份）

豬梅花絞肉…600克
乾香菇…10朵（泡開120克）
（豬肉與香菇5：1）

紅蔥頭…50克
蒜頭…4瓣
蔥…3支

調味料
水…600cc
香菇水…100cc
米酒…50cc
醬油…150cc
五香粉、白胡椒粉…1/2小匙
冰糖…1小匙

作法

1 豬絞肉不必絞太細保留口感、紅蔥頭切薄片、蒜頭去蒂頭、蔥洗淨打結、乾香菇以冷水泡發2小時，擠乾水分切小丁備用。

2 鍋內下3大匙油，中小火將紅蔥頭煸上色撈出備用。

3 用煉過的紅蔥油，中大火將絞肉炒散。

4 將絞肉生出的水炒乾（小知識❶）。

5 炒至水分蒸發只剩下油脂。

6 加入香菇丁炒香。

7 加入調味料大火煮滾（小知識❷）。

8 移入鍋中，蓋上鍋蓋，轉小火燉煮30分鐘，開蓋加入步驟2的紅蔥酥，小火再煮10分鐘即完成（小知識❸、❹）！

9 關火浸泡1夜更入味。

小知識

❶ 有關「肉燥、肉醬處理法」，請看「象廚開煮小講堂」p.31有詳細介紹。
❷ 醬油：液體（米酒、香菇水、水）＝1：5。
❸ 滷汁要比喝湯再鹹一點，燉煮後就會剛好！
❹ 燉煮過程若滷汁太少，可補熱水至原水位繼續燉煮。

course 5

義式蘑菇番茄肉醬麵

做這道料理請使用牛豬混合的絞肉，成品香氣風味才足；其次是蔬菜量不可少，除了清甜外更是解膩良方；最後就是請愛用起司調味，讓整體肉醬充滿著底蘊，而不是僅有鹽的死鹹味！

小知識

❶ 進口番茄罐頭：西式料理常用之番茄種類，風味更勝牛番茄。
❷ 番茄糊（tomato paste）：以煮熟以脫水的番茄為主要材料，功能為替菜品上色及提升風味。

❸ 蔬菜務必切小丁，成品口感才會好，另外蔬菜量不可太少，這是成品清爽不油膩的重要關鍵！
❹ 有關「蔬菜炒透」原則，請看「象廚開煮小講堂」p.32有詳細介紹。
❺ 有關「肉燥、肉醬處理法」，請看「象廚開煮小講堂」p.31有詳細介紹。
❻ 務必將紅酒燒乾，去除單寧中的酸味留下果香。
❼ 調味用帕馬森起司粉調鹹度，不只增加風味更可使肉醬濃稠。

材料（4～6人份）

牛絞肉（帶油脂佳）…300克
豬梅花絞肉…300克
洋蔥…3/4顆（200克）
紅蘿蔔…1/2根（100克）
西洋芹…2根（100克）
蘑菇…1盒（200克）
月桂葉…1片
水…800cc
紅酒…100cc
進口番茄罐頭…1罐（小知識❶）

調味料

番茄糊（tomato paste）…2大匙（小知識❷）
義大利香料粉…1小匙
帕瑪森起司…3大匙
鹽…1小匙
黑胡椒…1/2小匙

作法

1 洋蔥、紅蘿蔔、西洋芹（去皮）皆切小丁、蘑菇切片備用（小知識❸）。

2 鍋內下2大匙橄欖油，中火依序將洋蔥（5分鐘）、紅蘿蔔（5分鐘）、西洋芹（3分鐘）炒透（小知識❹）。

3 接著下蘑菇拌炒至軟化（2分鐘），將蔬菜料取出備用。

4 鍋內下1大匙橄欖油，中大火將絞肉炒散炒出水分。

5 將水分炒至蒸發只剩下油脂（小知識❺）。

6 加入番茄糊並放回步驟3的蔬菜料，中大火拌炒至上色。

7 加入紅酒，大火將酒精燒乾，可於食材中間劃一條線，以鍋底看不見水分為原則（小知識❻）。

8 加入1/2小匙鹽、義大利香料粉及番茄罐頭，中大火將番茄炒至軟爛（5分鐘）。

9 加水及月桂葉，不蓋鍋蓋，大火煮滾後轉小火燉1小時。

10 最後加入1/2小匙鹽、黑胡椒及帕瑪森起司調味，並將煮好的義大利麵淋上肉醬攪拌均勻即完成（小知識❼）！

course 6

白醬雞肉蕈菇義大利麵

喜歡白醬義大利麵嗎？
本篇分享如何不炒白醬快速完成這道料理，
那炒香的菇類、鮮嫩的雞肉及滑順的麵條，好吃到拿去外面賣都沒問題！

材料（1人份）

義大利直麵5號麵…100克
雞胸肉…1片（150克）
鴻喜菇…1/2包（100克）
蒜頭…3瓣

洋蔥…1/8顆（40克）
雞高湯…200cc（小知識❶）
鮮奶油…100cc
帕瑪森起司…4大匙

雞肉醃料

鹽及白胡椒粉…1/4小匙

調味料

黑胡椒粉…1/2大匙
鹽…1/4小匙

作法

1 洋蔥切丁、蒜頭切末、鴻喜菇去根部剝散、雞胸肉切薄片，以雞肉醃料醃15分鐘備用。

2 起一鍋2000cc滾水，下20克鹽放入義大利麵，煮至包裝上時間減2分鐘撈出淋橄欖油（防沾黏）備用（小知識❷）。

3 鍋內下1大匙橄欖油，中火將雞胸肉煎熟取出備用。

4 鍋內下1.5大匙橄欖油，中大火將鴻喜菇炒至上色。

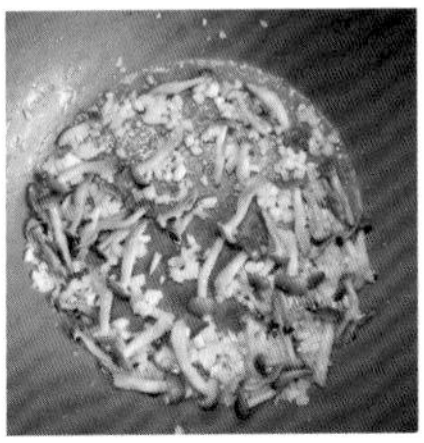

5 接著下洋蔥丁及蒜末以中火爆香。

6 加入雞高湯中大火煮滾。

7 放回義大利麵與雞胸肉，下鮮奶油並拌炒至湯汁濃稠（1～2分鐘）。

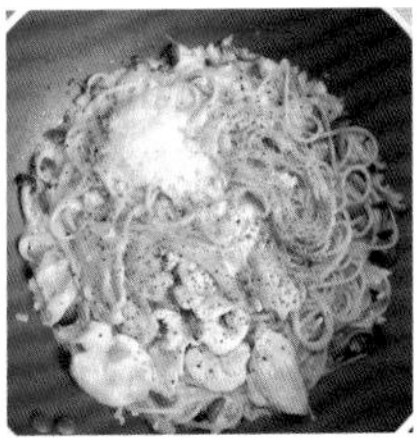

8 最後下鹽、黑胡椒及帕瑪森起司，攪拌均勻即完成！

小知識

❶ 請參考「西式雞高湯篇」p.23。
❷ 因後續還要拌炒，義大利麵不可先煮至全熟，以免成品軟爛。

course 7

台式麻醬雞絲涼麵

這是一道特別開胃的料理，Q 彈的麵條配上鮮嫩的雞絲，最後淋上靈魂醬汁，攪拌在一起呼嚕呼嚕地大口吞下去，真的是炎炎夏日裡的極品美味呢！

材料（1人份）

油麵…100克
雞胸肉…1/2塊（75克）
紅蘿蔔…1/4根（30克）
小黃瓜…1/3根（30克）

汆燙用材料
水…1500cc
米酒…2大匙
蔥…1支
薑片…2片

調味料
蒜泥…20克（約5瓣蒜頭）
水…3大匙
芝麻醬…1大匙
醬油…1大匙
糖…1/2大匙
烏醋…1/2大匙
韓式芝麻油…1大匙（可用香油代替）

作法

1 紅蘿蔔與小黃瓜切絲、蔥切段、薑切片備用。

2 起一鍋滾水，汆燙油麵30秒撈出瀝乾。

3 接著加入1大匙油（配方外），撥散放涼備用（小知識❶）。

4 起一鍋1500cc冷水，放入蔥段、薑片及米酒後將水煮滾。

5 放入雞胸肉小火煮5分鐘，關火蓋上鍋蓋燜10分鐘。

6 取出放涼後剝成細絲（小知識❷）。

7 碗中加入所有調味料攪拌均勻，最後淋在鋪滿雞絲與蔬菜的涼麵上即完成！

小知識

❶ 油麵不必汆燙太久避免失去口感，另加油是為了防沾黏。
❷ 要吃之前再剝，雞肉較不易失去水分。

course

8

嘉義火雞肉飯

鮮嫩的雞肉、噴香的雞油及醬汁，順著白米飯送入嘴裡，那股迷人的味道就是嘉義最傳統的火雞肉飯料理，本篇使用了仿土雞胸肉取代火雞肉，美味不減嫩度再升級！搭配正統作法，誰說在家不能煮火雞肉飯，快來試試吧！

材料（1人份）

帶骨仿土雞胸肉…1副
紅蔥頭…12瓣（120克）
雞油塊…200克（小知識❶）

汆燙用材料

水…2000cc
米酒…2大匙
蔥…1支
薑片…2片

靈魂醬汁（小知識❷）

雞高湯…500cc
醬油…4大匙
冰糖…1大匙
八角…1顆
紅蔥酥…2大匙
紅蔥雞油…2大匙

作法

1 紅蔥頭切片、蔥切段、薑切片備用。

2 起一鍋2000cc冷水，放入蔥、薑、米酒及雞胸肉，中大火煮滾撇去浮沫。

3 以小火煮15分鐘，接著蓋上鍋蓋燜15分鐘。

4 取出煮熟的雞肉剝成細絲，煮雞肉的高湯留500cc備用（小知識❸）。

5 冷鍋放入雞油塊，以中小火煸10分鐘至產生大量雞油，將變硬的雞油塊取出丟棄。

6 接著於雞油中放入紅蔥頭，中小火煸至稍微變色取出（小知識❹）。

7 紅蔥頭取出放在廚房紙巾上瀝油成「紅蔥酥」；炸過的油倒出放涼即成「紅蔥雞油」。

8 將醬汁中的材料放入鍋中，大火煮滾轉小火15分鐘備用。

9 半成品應有紅蔥雞油、雞肉絲、紅蔥酥、醬汁及白飯，接著將白飯鋪上雞肉絲，再淋上1大匙醬汁與雞油，最後撒上紅蔥酥即完成！

小知識

❶ 勿用雞皮，請跟市場攤販要雞內臟的雞油塊，出油量才大。
❷ 請勿省略八角，否則成品味道不到位。
❸ 雞肉要吃之前再剝，較不易失去水分。
❹ 紅蔥頭煸至稍微變色即可取出，餘溫會使顏色繼續變深。

course

9

茄汁雞肉蛋包飯

本篇的炒飯為日式風味炒飯，
酸酸甜甜帶有奶油香氣特別誘人，再用漂亮的蛋皮包起來，
端上桌一定會讓食客大聲讚嘆！

炒飯材料（3～4人份）

雞腿排…1片（250克）
白飯…2碗（400克）
洋蔥…1/2顆（100克）
奶油…10克

雞肉醃料
米酒…1大匙
鹽…1/4小匙

炒飯調味料
番茄醬…3大匙
鹽及黑胡椒粉…1/4小匙

蛋皮材料及調味料（1人份）
蛋…3顆
奶油…15克
鹽…1/8小匙

作法

1 洋蔥切末、蛋加1/8小匙鹽打散、雞腿排切丁，以雞肉醃料抓醃15分鐘備用。

2 鍋內下1大匙油，中火炒香洋蔥。

3 接著下雞肉炒至7分熟。

4 加入白飯大火炒散。

5 最後加入番茄醬，將飯炒上色後，以鹽、黑胡椒及奶油調味，拌炒均勻後取出備用。

6 鍋內下奶油以中小火加熱。

7 奶油融化後下蛋液。

8 保持中小火，至蛋皮呈現8～9分熟，放入炒飯並整形成橄欖球狀。

9 鍋貼著盤子，趁熱將蛋包飯倒入盤中，最後淋上番茄醬即完成（小知識❶）！

小知識

❶ 趁熱蛋皮較好離鍋，若蛋皮變冷不好移動時，請開小火加熱就能再次移動。

course

10

酒蒸蛤蠣義大利麵

第一本書有介紹過酒蒸蛤蠣這道美味日式下酒菜，本篇更是進化將它轉化成了西式的義大利麵，味道更勝白酒蛤蠣且作法更簡單，喜歡義大利麵的你可別錯過了這道菜嘿！

材料（1 人份）

義大利直麵 5 號麵…100 克
蛤蠣…300 克
米酒…250cc
蔥…2 支
蒜頭…5 瓣
小辣椒…1/2 根
奶油…15 克
醬油…1/2 大匙

作法

1 蔥白、蔥綠分開切蔥花、蒜頭切末、辣椒斜切圈、蛤蠣洗淨吐沙備用。

2 起一鍋2000cc滾水，下20克鹽放入義大利麵，煮至包裝上時間減2分鐘，撈出淋橄欖油（防沾黏）備用（小知識❶）。

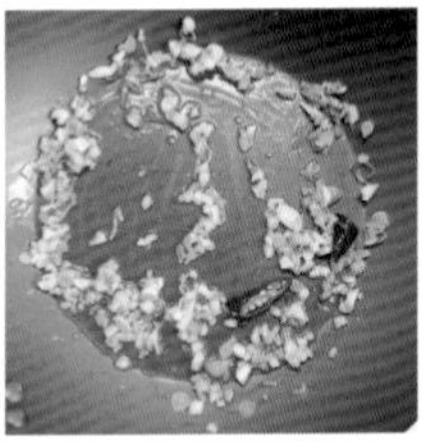

3 鍋內下2大匙橄欖油，中火爆香蔥白、蒜頭及辣椒。

4 加入米酒及蛤蠣，大火煮滾蓋上鍋蓋燜煮5分鐘。

5 蛤蠣全開後取出，鍋底湯汁加入醬油，即成酒蒸蛤蠣醬汁（小知識❷）。

6 接著放入義大利麵，大火拌炒1分鐘（小知識❸）。

7 炒至醬汁濃稠加入奶油。

8 奶油融化後，下蛤蠣及蔥綠即完成（小知識❹）！

小知識

❶ 因後續還要拌炒，義大利麵不可先煮至全熟，以免成品軟爛。
❷ 醬油僅係給予醬香非調味，不可下太重以免成品過黑！
❸ 過程中若醬汁太乾可以補水。
❹ 蛤蠣已有鹹味故不加鹽，覺得不夠鹹者可以自行補1/8小匙鹽。

course

11

義式番茄海鮮燉飯

燉飯料理首重生米在高湯裡釋放澱粉的過程，煨煮至恰到好處的燉飯，是能吃得出口感，又能感受到醬汁的濃稠，本篇捨棄正統的義大利米，使用一般的米製作，只要時間掌握得宜，不烹調過久把米粒煮破（煮破就變稀飯了），就是成功的海鮮燉飯囉！

小知識

❶ 蝦高湯作法請參考「象廚開煮小講堂」p.21。
❷ 煮蛤蠣的水即為蛤蠣高湯。
❸ 做燉飯不可開大火，以免外層軟爛米芯未透，亦不可小火燉煮，成品似稀飯，請保持中火，讓米粒得以完全釋放澱粉質於高湯中。
❹ 米粒煮透以口感不夾生、不過於軟爛為原則；一般米煮透須10～12分鐘；義大利米煮透則須18～20分鐘。

材料（2人份）

米…150克
蒜頭…5瓣
洋蔥…1/6顆（50克）
蝦仁…16隻（依家境增減）
透抽…1尾（120克）
蛤蠣…300克
九層塔…10克
進口番茄罐頭…150克
奶油…15克
帕瑪森起司…20克

海鮮高湯
蝦高湯…600cc（小知識❶）
水…200cc（煮蛤蠣用）

調味料
鹽…1/2小匙（煎蝦及最後調味各1/4小匙）、黑胡椒…1/4小匙

作法

1 洋蔥切丁、蒜頭切末、九層塔切碎、透抽切圈、蛤蠣吐沙洗淨、蝦仁開背去腸泥備用。

2 鍋內下1大匙油，放入蝦仁並下1/4小匙鹽，中大火煎熟取出備用。

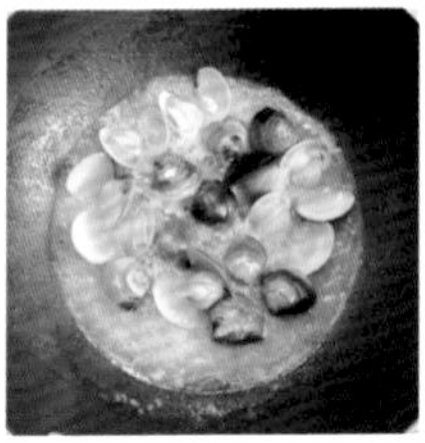

3 原鍋下蛤蠣及200cc水大火煮滾，取出煮好的蛤蠣，並把鍋中的蛤蠣高湯與蝦高湯混合備用（小知識❷）。

4 鍋內下2大匙橄欖油，中火爆香洋蔥及蒜頭。

5 接著加入生米，炒至所有米均沾附油脂。

6 加入番茄罐頭拌炒均勻。

7 加入300cc高湯（要能淹過生米），中火持續拌炒（小知識❸）。

8 炒至湯汁快收乾（飯上冒出大泡），補100cc高湯拌炒，持續此步驟至米粒煮透（約10～12分鐘）（小知識❹）。

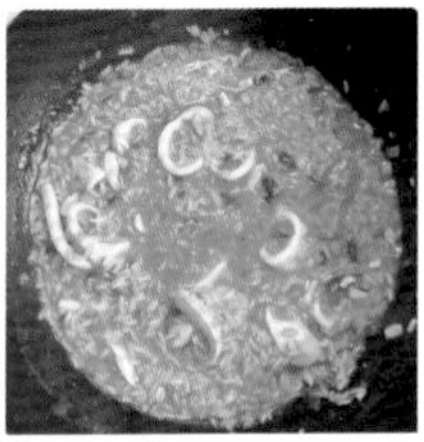

9 加入透抽拌炒1分鐘至熟。

10 下蛤蠣、蝦仁、九層塔碎、1/4小匙鹽及黑胡椒拌炒均勻。

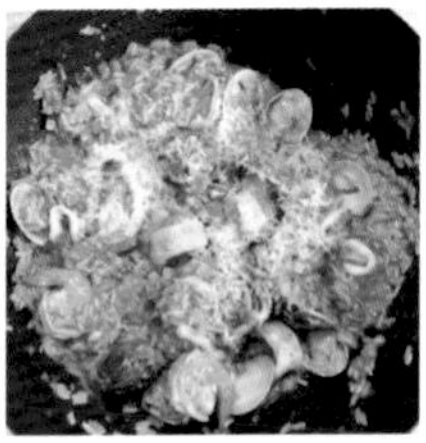

11 最後加入奶油，並撒上帕瑪森起司，再次拌炒均勻即完成！

course

12

鮭魚親子炒飯

雞肉有親子丼，鮭魚也有自己的親子炒飯，富含油脂的鮭魚煎熟後，利用其油脂包覆著每一粒米飯，加上恰到好處的調味以及青蔥的提香，每一口都是芬芳！還有最後神來一筆加入鮭魚卵，讓鮭魚一家人在口中團聚，那滋味之好，你肯定要試試！

材料（1 人份）

飯…2.5 碗（500 克）
鮭魚（去掉中骨）…250 克
蛋…3 顆
洋蔥…1/4 顆（75 克）
蔥…2 支
奶油…15 克
鮭魚卵…10 克
海苔絲…3 克

鮭魚醃料
鹽…1 小匙
米酒…1 大匙

調味料
醬油…1.5 大匙
鹽…1/4 小匙

作法

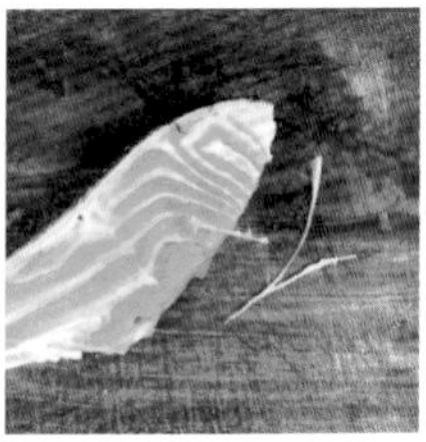

1 2 蛋打散、洋蔥切丁、蔥切蔥花、鮭魚去掉中骨及細刺（小知識❶），以鮭魚醃料抓醃10分鐘備用。

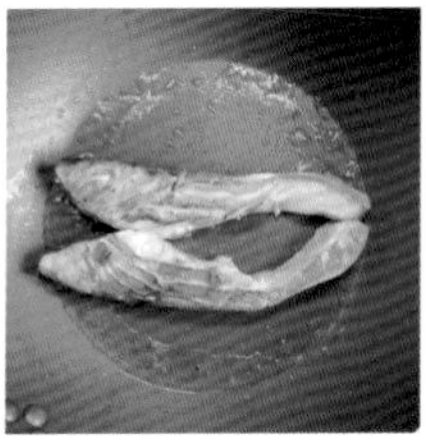

3 鍋內不放油，將鮭魚中小火煎至兩面金黃且熟透（約6～8分鐘）。

4 煎熟的鮭魚取出，去除魚皮並將魚肉剝散備用。

5 利用鍋中的鮭魚油，中火爆香洋蔥。

6 接著倒入蛋液炒至7分熟。

7 加入白飯大火炒散。

8 飯炒至粒粒分明後，鍋身下醬油激發香氣，再與飯拌炒均勻。

9 炒飯均勻上色後，下鮭魚肉拌炒均勻。

10 最後放入鹽、蔥花及奶油，再次拌炒均勻，最後於成品鋪上鮭魚卵及海苔絲即完成！

小知識

❶ 市售輪切鮭魚皆有刺，可使用鑷子較好取出！

course 13

小卷米粉

本篇未使用海鮮高湯，而是透過蝦皮及油蔥酥提味，
再搭配鮮味滿滿的小卷，就能在家快速做出好吃又解饞的小卷米粉囉！

材料（1人份）

透抽…1尾（250克）
泡開米粉…300克
紅蔥頭…5瓣（20克）
蝦皮…15克
蔥…2支
水…1000cc

調味料
醬油…1大匙
鹽…1/2大匙
糖、白胡椒粉…1/4小匙
香油…1/8小匙

作法

1 透抽切圈、蔥切蔥段、紅蔥頭切薄片、米粉泡冷水5分鐘至軟備用。

2～4 鍋內下4大匙油，中小火煸紅蔥頭，至稍微變色後取出，放涼即成紅蔥酥（小知識❶）。

5 利用鍋中的紅蔥油，中火爆香蔥段與蝦皮。

6 加水大火煮滾。

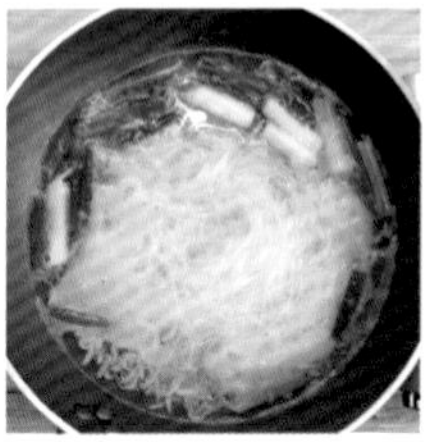

7 加入米粉中火煮1分鐘。

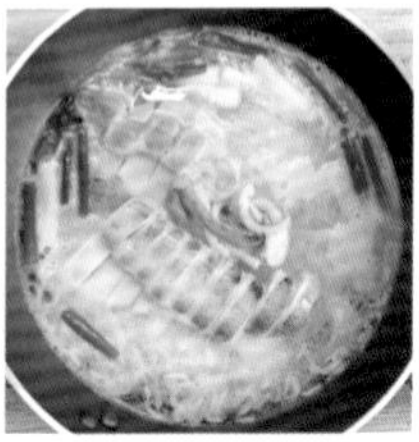

8 放入透抽及調味料，透抽煮熟即完成！

小知識

❶ 紅蔥頭煸至稍微變色即可取出，餘溫會使顏色繼續變深。

course 14

蒜香金沙蝦仁炒飯

這道金光閃閃的黃金炒飯，充滿鹹蛋黃與雞蛋黃的雙重風味，再搭配超級大的蝦仁，除了視覺效果一級棒之外，尾韻那蒜香與蝦油香的風味真的有夠讚！強烈推薦對鹹蛋黃料理情有獨鍾的朋友試作，保證一吃就愛上！

材料（2人份）

白飯…2碗（400克）
蝦仁…12隻（依家境增減）
鹹蛋黃…3顆
雞蛋黃…2顆
蔥…2支
蒜頭…6瓣

蝦仁醃料
米酒…1/2大匙
鹽…1/4小匙

調味料
鹽…1/2小匙
糖…1/4小匙

作法

1 蔥切蔥花、蒜頭切末、雞蛋黃打散、鹹蛋黃壓扁切碎、蝦仁去腸泥以蝦仁醃料抓醃10分鐘備用（小知識❶、❷）。

2 打散的雞蛋黃加入白飯中抓勻備用。

3 原鍋內下4大匙油，放入蝦頭與蝦殼中火煸5分鐘，煸出蝦油（油呈紅色）後丟棄蝦頭與蝦殼。

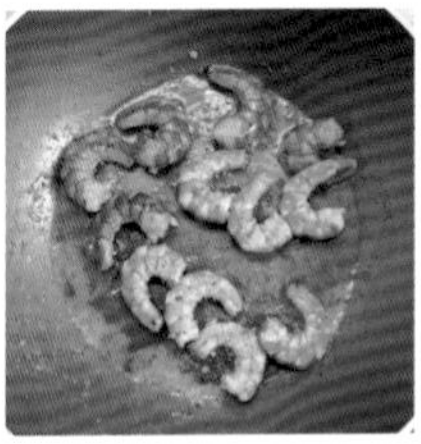

4 接著放入蝦仁大火煎熟取出備用。

5 放入鹹蛋黃並以中火拌炒。

6 炒至起泡後，下蒜末爆香。

7 接著加入飯以大火炒鬆及上色（小知識❸）。

8 最後放蝦仁、蔥花及調味料，再次拌炒均勻即完成。

小知識

❶ 飯中加雞蛋黃可使成品呈現金黃色，不使用全蛋是因為水分過多很難炒開。
❷ 鹹鴨蛋蛋白可留著炒菜；雞蛋白可留著抓醃肉或是炒蛋來吃。
❸ 炒的過程若覺得太乾可補1大匙米酒或水增加濕潤度。

course

15

抱蛋煎雲吞

吃膩了用煮的雲吞嗎？本篇將雲吞用煎的方式搭配煎蛋，
光是顏質就已讓人賞心悅目，吃的時候一口將雲吞、厚蛋還有蔥花吞下，
那豐富的口感與味道，實在是太美味了！

材料（1人份）

雲吞…1盒
蛋…3顆
水…200cc
蔥…1根
黑芝麻…1/4小匙

調味料
鹽…1/4小匙

作法

1 蔥切蔥花、蛋打散過篩後加入鹽攪拌均勻備用。

2 鍋內下1大匙油，中火將油燒熱，放入冷凍雲吞。

3 煎1分鐘至底部金黃，倒入200cc水（約雲吞1/2處）。

4 蓋上鍋蓋，中大火蒸煮5分鐘。

5 待鍋內水燒乾且雲吞蒸熟（皮呈透明狀）轉小火（小知識❶）。

6 倒入蛋液並蓋上鍋蓋，中小火燜蒸3至4分鐘至蛋液完全凝固。

7 起鍋前撒上蔥花及黑芝麻即完成！

小知識

❶ 水若燒乾但雲吞尚未熟，可補熱水繼續蒸。

course

16

冰花煎餃

這道料理之所以有冰花一稱，是因為粉漿經加熱後，
形成了薄如蟬翼的雪花脆片，不但看著漂亮吃著更是美味！

材料（1人份）

水餃…8 顆
水…80 克
低筋麵粉…5 克（約 1 又 1/2 小匙）（小知識❶）
油…1 大匙

作法

1 低筋麵粉與水混合均勻備用。

2 鍋內下1大匙油，不開火將水餃擺放整齊。

3 接著倒入粉漿至水餃1/3處，以中大火煮滾。

4 保持中大火，蓋上鍋蓋燜煮5分鐘（小知識❷）。

5 開蓋後轉小火，慢慢收乾水分。

6 收乾水分的過程，可移動鍋子加熱尚有粉漿的地方，若全區域一起加熱，無水分處底部會燒焦。

7 8 水分全部收乾後，蓋上盤子倒扣即完成！

小知識

❶ 粉水比為1：16。
❷ 冷凍水餃悶煮時間請調整為6分鐘，另隨時觀察鍋中的水分，若水分燒乾時煎餃尚未熟，需補熱水繼續煮。

course

17

低卡雞絲酸辣湯

酸辣湯看似困難實則相當簡單，不需要勾芡也不需要高湯，只要將食材炒出味，加上白醋及烏醋的雙重風味，就能簡單做出美味又無負擔的美味酸辣湯唷！這道料理在 IG 非常受歡迎，好多人都做成功且滿滿讚嘆，真心推薦值得一試！

材料（4～6人份）

		雞肉醃料	調味料
紅蘿蔔…1/2根（100克）	嫩豆腐…半盒（100克）	鹽…1/4小匙	醬油…100cc
木耳…3片（150克）	雞胸肉…1塊（150克）	白胡椒粉…1/8小匙	烏醋…50cc
竹筍…100克	蔥…2支	米酒…1大匙	白醋…50cc
鮮香菇…4朵（60克）	蛋…3顆		白胡椒粉…1大匙
金針菇…半包（100克）	水…1200cc		黑胡椒粉…1/8小匙

作法

1 2 蛋打散、蔥切蔥花、金針菇去根部後切段、紅蘿蔔、木耳、香菇、竹筍、豆腐、雞胸肉切絲，雞胸肉以雞肉醃料抓醃10分鐘備用（小知識❶）。

3 鍋內下2大匙油，中火將紅蘿蔔絲炒透。

4 接著下香菇絲及木耳絲拌炒1分鐘。

5 加入1200cc水以大火煮滾。

6 7 承上，水滾加入竹筍絲、金針菇、嫩豆腐絲及所有調味料，中火煮5分鐘至入味。

8 加入醃好的雞肉絲，大火煮1分鐘至熟透。

9 最後淋入蛋液煮成蛋花，再加入蔥花即完成！

小知識

❶ 豆腐須先切片才能切絲，切的時候刀保持直上直下，即可完美切絲。

course

18

古早味粉漿蛋餅

我對蛋餅可說是情有獨鍾，粉漿型蛋餅更是我的心頭好！
雖然看似平凡卻是最簡單的美味，照著做不論身在哪個國家，
都能快速享受到家鄉早餐的美好！

材料（4～5人份）（小知識❶❷）

蛋…5顆
蔥…2支（25克）
地瓜粉…50克
低筋麵粉…100克
水…300克

調味料
鹽&白胡椒粉…1克

作法

1 蔥切蔥花，並將所有材料備妥。

2 將地瓜粉與低筋麵粉混合均勻。

3 加水攪拌均勻。

4 須攪拌至無顆粒，且粉漿呈流動狀。

5 加入蔥花與調味料攪拌均勻備用。

6 鍋內下2大匙油，將油燒熱後下粉漿。

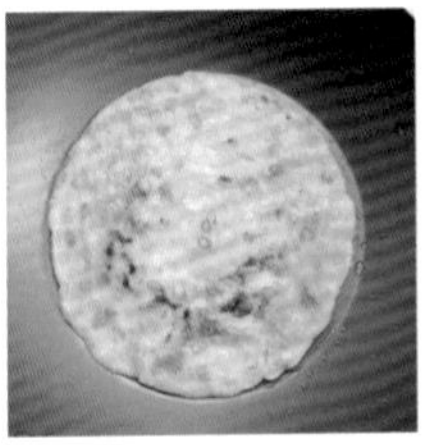

7 中火將粉漿煎至兩面金黃取出備用（小知識❸）。

8 鍋內下1大匙油，中火將油燒熱，倒入蛋液煎至半熟。

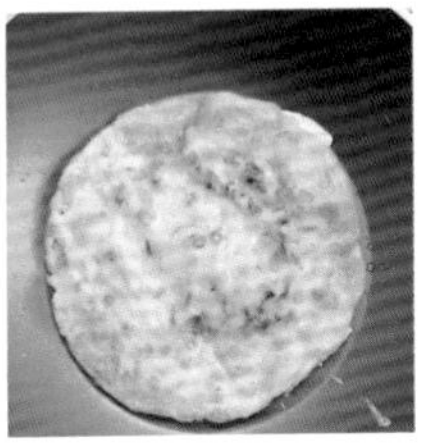

9 鋪上蛋餅皮，煎約30秒至蛋液與餅皮充分結合不分離。

10 將其捲起後取出切3~4cm段即完成！

小知識

❶ 地瓜粉與低筋麵粉比例為1：2，口感不過軟。
❷（地瓜粉＋低筋麵粉）：水＝1：2，水的比例永遠為粉的2倍。
❸ 麵糊剛入鍋會有許多白色生麵糊區塊，須煎至所有白色區塊變色才算煎熟。

course

19

木須炒麵

木須指的是蛋不是木耳不要搞錯囉！
木須炒麵其實就是蛋炒麵，炒到香氣四溢的蛋碎，
再吸收美味的湯汁，就成了本道料理的靈魂！

材料（4 人份）

生寬麵…250 克
蛋…2 顆
肉絲…100 克
紅蘿蔔…1/2 根
木耳…2 片
小白菜…1 把（可換高麗菜）
水…100cc

肉絲醃料
醬油、米酒…各 1 大匙
玉米粉…1/2 小匙
白胡椒粉…1/8 小匙

調味料
醬油…3 大匙
米酒…2 大匙
鹽…1/4 小匙
白胡椒粉…1/8 小匙

作法

1 蛋打散、紅蘿蔔及木耳切絲、小白菜切段、肉絲以肉絲醃料抓醃15分鐘後備用。

2 滾水下麵條煮熟取出備用。

3 鍋內下2大匙油，倒入蛋液中火炒散取出備用（小知識❶）。

4 鍋內下1大匙油，依序放入紅蘿蔔絲、肉絲、木耳絲，中火炒熟炒透（小知識❷）。

5 接著加入水及調味料，大火滾煮2分鐘煮出味。

6 最後放入煮好的麵條、蛋碎及小白菜。

7 大火拌炒1分鐘，炒至小白菜熟透及湯汁收乾即完成！

小知識
❶ 蛋不要炒太碎，成品較有口感。
❷ 紅蘿蔔難熟要先放，炒透後才下其他材料。

PART 06

家常食材煮出吸睛料理

牛肉、豬肉、雞肉

course

1

香滷牛三寶

這道料理是我的拿手招牌菜，軟嫩的牛筋、Q 彈的牛肚，以及超入味的牛腱心，當餐只要端上桌，絕對都是直接秒殺，尤其遇到過年期間，可說是供不應求、超級熱銷！

材料（6～8人份）

牛腱心…2顆（780克）
牛肚…1片（602克）
牛筋…3條（814克）
蔥…60克
薑片…60克
蒜頭…60克
洋蔥…1顆（280克）

滷包中藥材
八角…2顆
桂皮…2片
花椒粒…1錢
甘草…半錢
草果…1顆
月桂葉…1片

調味料（小知識❶）
水…3400cc
米酒…100cc
醬油…500cc
辣豆瓣醬…4大匙
冰糖…1.5大匙

作法

1 洋蔥切大塊、蔥對切、薑切片、蒜頭去蒂頭、牛三寶洗淨備用。

2 冷水放入牛筋、牛肚與牛腱心，中大火將水煮滾後，續煮3分鐘撈出洗淨備用。

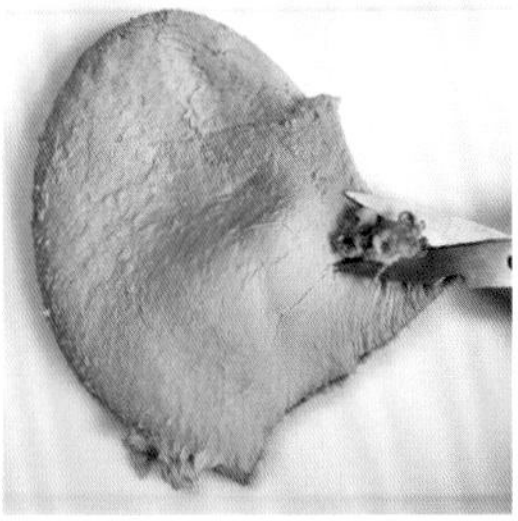

3 牛肚正反面都要清洗乾淨，可用剪刀剪去內部多餘的油脂。

4 將洗淨的牛筋、牛肚與牛腱心放入鍋中。

5 鍋內下2大匙油，中火爆香蔥、薑、蒜及洋蔥。

6 接著下醬油、米酒、冰糖及辣豆瓣醬，大火滾煮3分鐘，煮至米酒酒氣揮發。

7 把作法6與滷包放入燉鍋，加水淹過食材。

8 燉鍋不加蓋，以大火煮滾撇去浮沫，接著轉小火燉煮，各類食材燉煮時間與判斷標準如後所附（小知識❷）。

9 牛腱心（70～90分鐘）：能以筷子刺穿無太大阻力。

10 牛肚（120～150分鐘）：能以筷子刺穿無太大阻力，且有彈性不過於軟爛。

11 牛筋（240～270分鐘）：能以筷子刺穿無太大阻力且軟嫩（小知識❸）。

12 牛三寶全部處理完畢後，將滷汁過濾後放涼（小知識❹）。

13 將牛腱心與牛筋浸泡於放涼的滷汁8小時至入味；牛肚則浸泡1小時即可入味（小知識❺）。

14 滷好的牛三寶成品，分切後淋上加熱過的滷汁即完成！

15 牛肚切條。

16 牛腱心切片。

17 牛筋切塊。

小知識

❶ 因辣豆瓣醬有鹹度，故醬油：液體（水、米酒）＝1：7。
❷ 燉煮腥味重的食材或是帶骨食材，都不建議加蓋燉煮，一方面使滷汁濃縮，一方面避免滷汁發臭，若烹煮過程中滷汁不夠，可加入熱水與食材齊高繼續燉煮。
❸ 燉煮牛筋的過程為軟—>硬—>軟，只要給足時間就會軟嫩，萬不可提早取出！
❹ 滷汁務必放涼才能開始浸泡食材，若還有溫度會影響每樣食材的熟度。
❺ 牛肚入味速度快，僅須浸泡1小時即可。

course 2

蒜香瓦片骰子牛肉

炸蒜片一直是許多人不敢碰觸的環節，本篇將詳細分享如何炸出完美的蒜片，另外骰子牛肉非指特定部位，而是牛排切成正方形小粒，都能稱作骰子牛肉，本篇使用牛小排示範，大家可自行替換成其他部位完全沒問題！

材料（2人份）

牛小排…250克（可用牛板腱（嫩肩里肌）替代）
大顆蒜頭…5瓣

調味料
鹽、黑胡椒粉…1/2小匙

作法

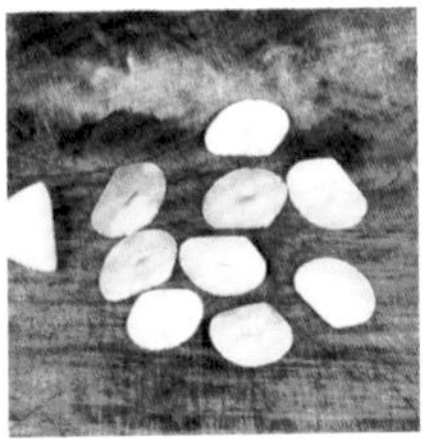
1 蒜頭橫切薄片。

2 泡水清洗黏液（小知識❶）。

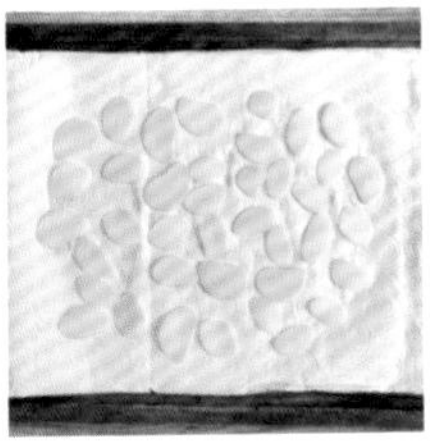
3 確實以廚房紙巾吸乾（小知識❷）。

4 炸蒜片的油量須完全覆蓋蒜片，炸的過程可用筷子稍微翻動，幫助均勻受熱。

5 炸至蒜片開始轉黃即可取出（小知識❸）。

6 放在廚房紙巾上吸油備用。

7 牛小排以廚房紙巾吸乾表面血水備用（小知識❹）。

8 分切並撒上鹽，抓醃15分鐘備用。

9 鐵鍋充分熱鍋，鍋內下2大匙油燒熱，放入牛小排煎至表面上色，接著下黑胡椒，轉中火煎2～3分鐘至7分熟即完成！

小知識

❶ 蒜頭上的黏液是會使蒜片容易焦黑，務必沖水洗掉！
❷ 務必吸乾水分，否則炸製過程會油爆且受熱不均。
❸ 蒜片取出後顏色會繼續變深，故必須剛變色就取出，若於鍋中煎至金黃，成品一定焦苦！
❹ 牛肉表面保持乾燥，才能煎出酥脆感。

course 3

蔥鹽香煎牛肋條

誰說牛肋條只能拿來燉呢！本篇分享如何略施小技，讓牛肋條有不同的烹調方式，另外蔥鹽的製作不難，只須挑選正確的蔥，就能有效避免掉辛辣味，做出人人喜愛的萬用佐料唷！

材料（3～4人份）

牛肋條…4條

蔥鹽醬

宜蘭蔥…60克（小知識❶）
白芝麻油…1大匙（小知識❷）
鹽、黑胡椒粉…1/4小匙

調味料

鹽、黑胡椒粉…1/2小匙

作法

1 蔥切碎備用。

2 加入調味料混合均勻，即完成蔥鹽醬。

3 牛肋條橫刀去除白色筋膜（小知識❸）。

4 以叉子戳刺斷筋。

5 兩面均斜切（小知識❸）。

6 最後分切成3cm塊狀即完成！

7 加鹽抓醃15分鐘備用。

8 鐵鍋充分熱鍋，鍋內下2大匙油燒熱，放入牛肋條煎至表面上色，接著下黑胡椒，轉中火煎2～3分鐘至7分熟即完成！

小知識

❶ 蔥鹽的蔥，僅能使用日本甜蔥或是宜蘭蔥，其他種類的蔥太過嗆辣不適合。
❷ 韓式或日式芝麻油皆可，但請勿拿台式黑麻油代替。
❸ 牛肋條只要有確實去除白色筋膜及斷筋，便能變得好入口！

一般蔥。

宜蘭蔥。

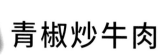

course

4

青椒炒牛肉

滑嫩的牛肉配搭爽口的青椒，可說是經典不敗的家常小炒！
本篇將分享如何處理青椒，以及如何炒出滑嫩牛肉，
讓大家在家裡也可以輕鬆上菜！

材料（2人份）

牛板腱（嫩肩里肌）…200克
青椒…1顆（150克）
蒜頭…4瓣
小辣椒…1/2根

牛肉醃料
醬油…1.5大匙
米酒…1大匙
玉米粉…1/2大匙
白胡椒粉…1/8小匙

調味料
鹽…1/4小匙

作法

1 青椒切絲、蒜頭切末、辣椒斜切圈、牛肉以醃料抓醃15分鐘備用。

2 青椒縱剖成兩半，用手剝去蒂頭與種籽和白色的棉絮組織（小知識❶）。

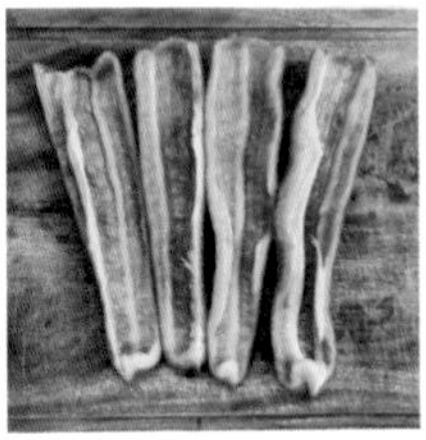

3 接著再對切成1/4條。

4 橫刀去除白色部位（小知識❷）。

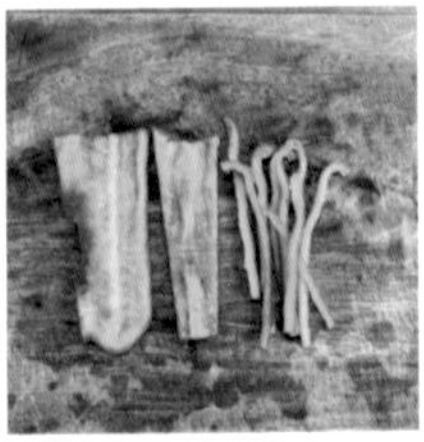

5 再攔腰對切，並順著纖維縱切1×6cm條狀（小知識❸）。

6 鍋內下1大匙油，以大火將牛肉炒至7分熟取出備用。

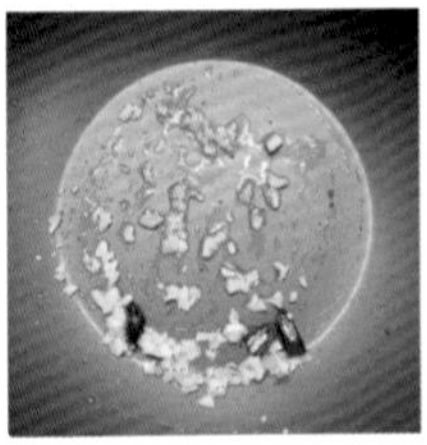

7 原鍋不洗，下蒜末及辣椒中火爆香。

8 放入青椒及1/4小匙鹽，大火翻炒1分鐘至青椒軟化。

9 最後放回牛肉，翻炒20秒至牛肉熟即完成！

小知識

❶ 青椒的苦味主要來自內部種籽與囊狀組織，務必去除。
❷ 白色部位口感差建議去除。
❸ 縱切法適合快炒的青椒料理，不但能讓青椒保持脆口，且較不易產生苦味。

course 5

黑椒牛肉杏鮑菇

這是一道超級快手料理，本篇將分享如何處理炒稍微有厚度的牛肉，讓其吃起來軟嫩多汁，再搭配 Q 彈杏鮑菇，還有那靈魂醬汁的加持，這道菜端上桌全家人一定會愛死！

材料（1 人份）

牛板腱（嫩肩里肌）…300 克
杏鮑菇…3 根（200 克）
蒜頭…5 瓣

牛肉醃料

醬油…1 大匙
米酒…1/2 大匙
玉米粉…1/2 大匙

調味料

粗黑胡椒粒…1 大匙
水、醬油、米酒…1 大匙
蠔油、玉米粉…1/2 大匙
糖、烏醋…1 小匙

作法

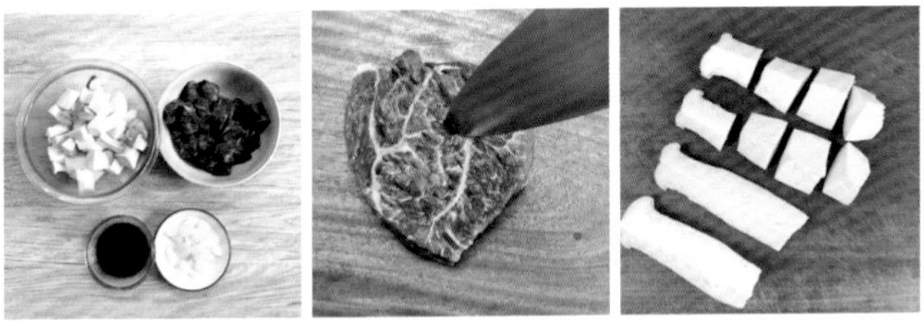

1 蒜頭切片、杏鮑菇1開4切3×3cm塊狀、牛肉以刀尖戳刺斷筋後切3×3cm塊抓醃15分鐘、調味料部分預先混合備用。

2 鍋內下2大匙油，放入杏鮑菇大火炒至上色（小知識❶）。

3 加入蒜片以中大火爆香。

4 加入醃好的牛肉粒大火翻炒。

5 炒至表面無血色下調味料。

6 最後翻炒1分鐘至牛肉熟即完成（小知識❷）！

小知識

❶ 菇類下鍋後先不要急著移動，待大火煎1分鐘後再翻炒，才能炒香炒上色。
❷ 牛肉粒炒至表面無血色為3至5分熟，下調味料翻炒1分鐘可達8至9分熟，上桌後利用餘溫達全熟，吃的時候便是最完美熟度！

course

6

橙汁排骨

橙汁排骨口味酸甜適口、排骨酥香軟嫩，是一道非常受歡迎的餐廳菜，雖然看似困難，但只要掌握排骨的基本調味，接著或炸或烤或煎都可以，最後外層再裹上橙汁醬，就大功告成囉！

材料（2～3人份）

豬里肌小排…400克
糖…50克（炒糖色用）
沙拉油…1大匙（炒糖色用）

排骨醃料

醬油…1大匙
米酒…1大匙
蛋…1/2顆
鹽、糖、白胡椒粉…1/4小匙
玉米粉…2大匙

調味料

柳橙汁…100cc
（可用香吉士代替）
檸檬汁…25cc
糖…1/4小匙

作法

1 蛋打散、排骨洗淨瀝乾、檸檬與柳橙擠成汁備用。

2 排骨以排骨醃料醃2小時備用（小知識❶）。

3 起攝氏160度油鍋，放入排骨以中大火炸至上色且熟透（約3～4分鐘）。

4 取出後瀝油備用。

5 鍋內下1大匙油，放入糖（炒糖色用）以中小火加熱。

6 加熱至糖融化且呈棗紅色（小知識❷）。

7 關火並放入炸好的排骨，翻炒均勻裹上糖色。

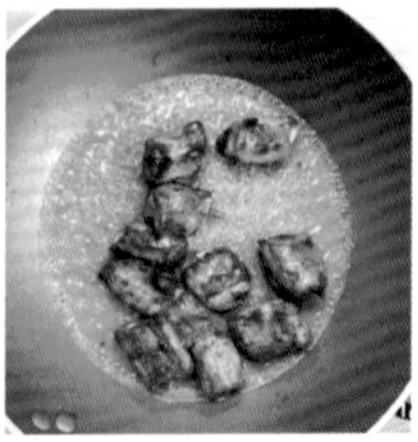

8 下調味料並開中大火滾煮收汁。

9 醬汁收濃再次翻拌均勻，讓排骨均勻裹上糖漿即完成！

小知識

❶ 醃料調出來應為流動狀，而非濃稠狀，故玉米粉不要下太重。
❷ 此時的糖漿很燙，請小心不要滴水進去，否則會噴濺；另炒出的糖色不會甜並帶有焦糖香氣。

course 7

蔥燒排骨

燒到軟嫩的五花排骨醬香濃郁，用筷子輕輕一撥便骨肉分離十分誘人！操作上與蔥燒雞有著異曲同工之妙，都是透過燒的步驟使食材軟嫩入味，只是排骨需要的時間比雞腿肉長許多，操作上需更有耐心！

材料（3～4人份）（小知識❶）

五花排骨…600克
蔥…10支（300克）
蒜頭…5瓣
薑…2片
紹興酒…50cc

調味料
醬油…80cc
水…270cc
冰糖…1小匙
烏醋…1小匙

作法

1 蔥切段、薑切片、蒜頭去蒂頭、排骨洗淨瀝乾備用。

2 冷水放入排骨，中大火煮滾，取出洗淨備用（小知識❷）。

3 鍋內下1大匙油，中火爆香蔥段、薑片及蒜頭。

4 放入排骨後加入紹興酒，大火滾煮1分鐘揮發酒氣。

5 接著下調味料大火煮滾。

6 轉小火燉煮60分鐘。

7 開蓋後轉中火燒15分鐘。

8 燒至醬汁濃稠即完成！

小知識

❶ 排骨：蔥的重量比為2：1。
❷ 若未經過汆燙直接放排骨，成品醬汁雜質多。

course

8

筊白筍炒肉絲

這道料理使用筊白筍取代竹筍，不但可以享受到一樣的脆口度與清爽感，更可以免除竹筍繁瑣的前處理，相當方便且美味不減！

材料（3～4人份）

茭白筍…3支（150克）
肉絲…100克
蒜頭…5瓣
蔥…2根
小辣椒…1根
米酒…1大匙
水…50cc

豬肉醃料
醬油…1大匙
米酒…1大匙
白胡椒粉…1/4小匙
玉米粉…1/2大匙

調味料
鹽…1/4小匙

作法

1 茭白筍切絲、蒜頭切末、蔥白蔥綠分開切段、辣椒斜切、豬肉以豬肉醃料抓醃15分鐘備用。

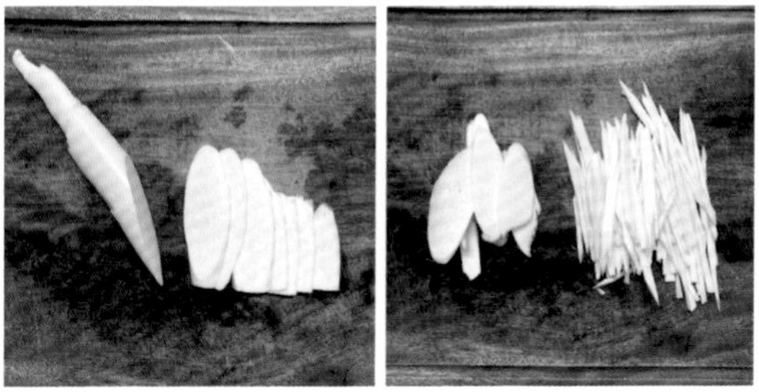

2～3 茭白筍斜切片後再切絲。

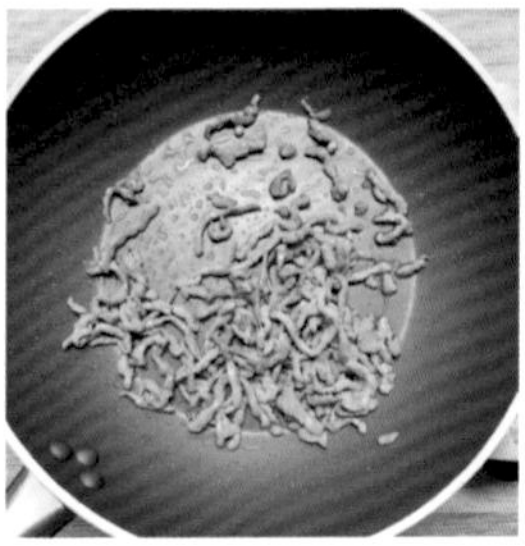

4 鍋內下2大匙油，中火將豬肉絲炒熟取出備用（小知識❶）。

5 原鍋下蒜頭、蔥白、辣椒以中火爆香。

6 接著放入茭白筍及鹽，大火翻炒將筊白筍沾附油脂。

7 加入水與米酒，大火滾煮至茭白筍絲微軟（約2～3分鐘）。

8 最後加入肉絲及蔥綠，大火翻炒15秒即完成！

小知識

❶ 炒豬肉油可略多一點，後續炒茭白筍絲沾附這個油才香！

course 9

蒜苗回鍋肉

逢年過節或是拜拜完，總會剩下許多水煮五花肉，不妨按本篇分享，將其製作成美味的回鍋肉，重新賦予靈魂唷！

材料（2人份）

豬五花肉…400 克
蒜苗…3 支
蒜頭…4 瓣
薑…1 小塊

調味料

辣豆瓣醬…1/2 大匙
米酒…1 大匙
糖、醬油…1/2 小匙
烏醋…1/4 小匙

作法

1 蒜白斜切、蒜綠直切、蒜頭與薑切末備用。

2 冷水放入五花肉，大火煮滾撇去浮沫，轉小火煮20分鐘。

3 以筷子插入可輕易穿透即熟透。

4 承上，撈出泡冰水10分鐘至涼透。

5 切0.3～0.5cm薄片備用。

6 鍋內下1大匙油，放入五花肉片，以中火煎至表面上色（3～5分鐘）。

7 瀝掉豬油，接著下蒜末及薑末中火爆香。

8 下調味料大火拌炒均勻。

9 最後放入蒜苗，拌炒15秒即完成！

course

10

客家小炒

鹹香下飯的客家小炒，其成功祕訣在於不能急，必須以小火將每樣食材依序慢慢煸出香氣，最後再加入青蔥及芹菜拌炒，就是最迷人的客家風味！

材料（3～4人份）

豬五花肉…300克
豆乾…3片（150克）
乾魷魚…1隻
蔥…5支
蒜頭…4瓣
芹菜…1把（30克）
小辣椒…1根

調味料

水…50cc
泡魷魚的水…50cc
醬油膏…2大匙
米酒…1大匙
白胡椒粉…1/2小匙
糖…1/4小匙

作法

1 乾魷魚泡常溫水4小時泡軟、蔥分蔥白蔥綠、芹菜切段、蒜頭切末、辣椒斜切圈、豆干切寬1×5cm片狀、五花肉切1×5cm細條備用。

2 泡開的乾魷魚去除軟骨、撕去外膜。

3 身體部分橫切1cm寬條狀備用（小知識❶）。

4 魷魚腳等其他部位切5～6cm長段備用。

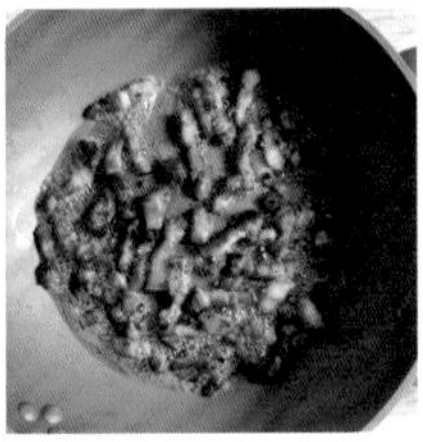

5 鍋不放油，冷鍋放入豬五花肉，中火慢煸至金黃上色（8～10分鐘），將豬五花肉取出，煸出來的豬油留3大匙備用。

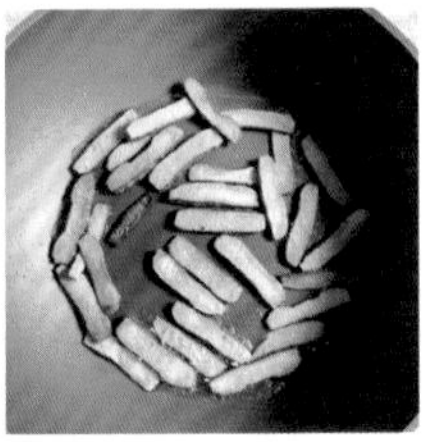

6 鍋內下1大匙豬油，中火慢煸至豆干上色取出備用（4～5分鐘）。

7 鍋內下2大匙豬油，中火爆香蔥段、蒜末與辣椒。

8 接著下豆干、豬五花肉及魷魚，大火拌炒至魷魚半熟（30秒）。

9 下調味料，大火持續拌炒至醬汁呈濃稠。

10 最後下蔥綠及芹菜段，再次拌炒均勻即完成！

小知識

❶ 魷魚橫切受熱後才會不捲曲。

course

11

日式漢堡排佐紅酒醬汁

日式漢堡排吃起來與結實的美式肉排不同，
蓬鬆且軟嫩多汁的口感，再淋上特調的紅酒醬汁，
真的令人難以忘懷，十分美味！

小知識

❶ 牛絞肉與豬絞肉可挑選較有油脂部位，做出來的漢堡排才會充滿肉汁。
❷ 洋蔥不可熱的時候加入攪拌，避免部分肉餡熟化。
❸ 按壓凹陷可幫助漢堡排中間熟透，另外煎製過程中，漢堡排會持續膨脹，凹陷會隨之消失。

材料（2～3人份）（小知識❶）

牛絞肉…200克
豬絞肉…200克
洋蔥…100克
牛奶…50cc
麵包粉…15克
蛋…1顆

漢堡排調味料

鹽、黑胡椒粉…1小匙
荳蔻粉…1/4小匙（無可省）

紅酒醬汁調味料

紅酒…100cc
番茄醬…3大匙
伍斯特醬…2大匙
醬油…1大匙
糖…1/4小匙
奶油…15克

作法

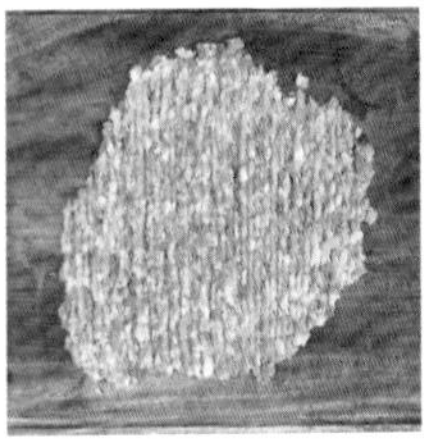

1～2 洋蔥切丁、絞肉請攤販絞2次，或自行切至細碎（成品口感好）備用。

3 將麵包粉與牛奶混合備用。

4 鍋內下1大匙油，冷鍋放入洋蔥，中小火拌炒8～10分鐘，炒至洋蔥金黃上色放涼備用（小知識❷）。

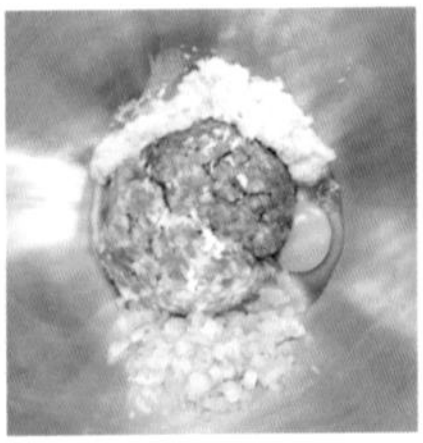

5～6 將蛋、牛與豬絞肉、泡過牛奶的麵包粉、放涼的洋蔥及漢堡排調味料放入盆中，用手攪拌至肉產生黏性，並1分為2備用。

7 將肉餡捏成圓餅狀，並於中央輕壓至凹陷（小知識❸）。

8 鍋內下1大匙油，將油燒熱後放入漢堡排，以中火煎3分鐘。

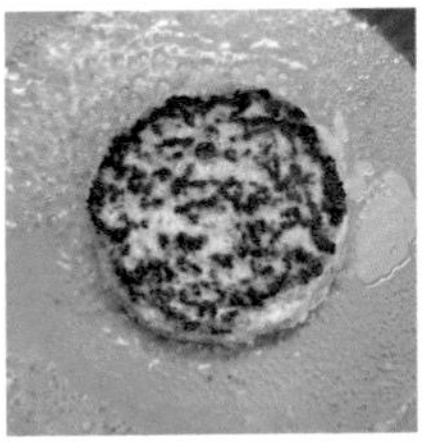

9 煎至表面上色後翻面，接著下50cc水（配方外），蓋上鍋蓋以中小火燜煮8分鐘。

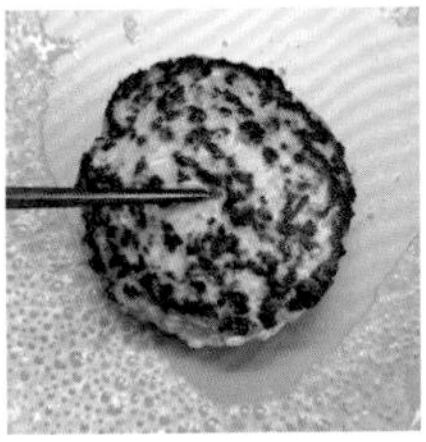

10 以筷子戳刺流出透明的肉汁即代表熟透。

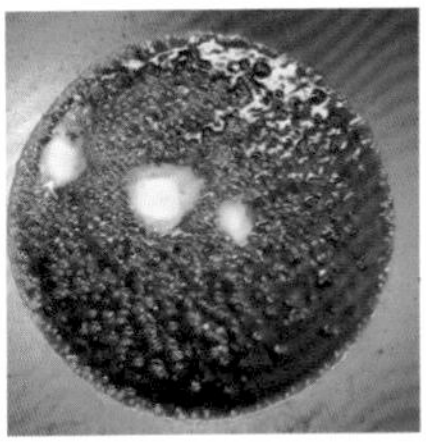

11 取出漢堡排，原鍋加入紅酒醬汁調味料，中火煮至醬汁濃稠即完成！

course

12

台式鹹酥雞

這道料理可以說是台灣宵夜界的霸主，香味撲鼻、酥香多汁的雞塊，
加上特調椒鹽還有靈魂九層塔的加持下，
真的超級美味，說是台灣之光都不為過呢！

材料（3～4人份）

雞里肌肉…500克（可用雞胸肉代替）
九層塔…30克
地瓜粉…100克

雞肉醃料

蛋…1顆
蒜泥…1又1/2大匙
薑泥…1小匙
醬油…2大匙
米酒…1大匙
白胡椒粉、五香粉…1/4小匙
糖…1/2小匙

調味料（鹹酥雞胡椒鹽）

鹽及白胡椒粉…各1/4小匙

作法

1 雞里肌肉切3cm塊狀、蒜頭與薑磨成泥、九層塔洗淨備用。

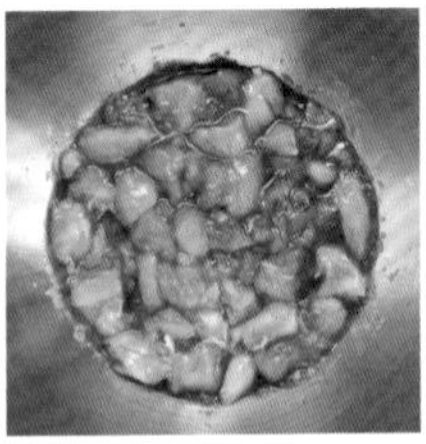

2 雞里肌肉以雞肉醃料冷藏醃2小時備用。

3 醃好的雞肉取出裹上地瓜粉。

4 靜置5分鐘等待反潮（小知識❶）。

5 起攝氏160度油鍋，中火炸3～4分鐘取出瀝油。

6 撈出多餘的油渣（小知識❷）。

7 將油溫重新升至攝氏160度，加入九層塔炸10～15秒取出瀝油。

8 趁熱撒上調味料，翻拌均勻即完成！

小知識

❶ 反潮是指雞肉上的醃料滲出地瓜粉，使地瓜粉轉為淡淡的醬色、帶點濕氣，在炸的時候比較不易掉粉。
❷ 乾粉炸容易有油渣，下九層塔前必須充分撈除。

course

13

梅香豆乳雞

這道料理是夜市非常熱門的小吃，
其調味與上漿方式都與鹹酥雞完全不同，
照著本篇分享一步一步來，
做出來的豆乳雞絕對是可以到外面販售的等級唷！

材料（3～4人份）

雞里肌肉…500 克（可用雞胸肉代替）
低筋麵粉…3 大匙
蒜頭…2 瓣（切末，成品提味用）

雞肉醃料
蛋…1 顆
梅子豆腐乳…50 克
醬油…1 大匙
米酒…1 大匙
白芝麻油…1 大匙
糖及白芝麻粒…各 1/2 小匙
白胡椒粉…1/4 小匙

作法

1～2 雞里肌肉切3cm塊狀，並以雞肉醃料抓醃2小時備用。

3～4 醃好的雞肉加入低筋麵粉，抓拌均勻備用（小知識❶、❷）。

5 起攝氏160度油鍋，中火炸3～4分鐘。

6 炸至雞肉熟透取出瀝油，成品撒上蒜末即完成！

小知識

❶ 豆乳雞的麵衣不同於鹹酥雞，須於醬料加入麵粉形成粉漿。
❷ 粉漿標準請參考步驟4所示，整體須呈現微黏稠狀，且能裹上雞肉不脫落，底部亦不可殘留液體。

course

14

雞家豆腐

這道料理是台北某間知名餐廳的招牌菜，
豆腐鮮香滾燙、雞肉滑嫩，搭配看似濃郁實則清爽的醬汁，
保證讓人一口接一口停不下來！

材料（3～4人份）

嫩豆腐…1盒
雞胸肉…1/2片（100克）
蔥…1支
薑…1小塊
蒜頭…2瓣
小辣椒…1/2根
雞高湯…150cc（小知識❶）
米酒…1大匙
玉米粉水…4大匙

雞肉醃料

鹽…1/4小匙
米酒…1/2大匙
太白粉…1/2小匙

調味料

蠔油…1.5大匙
醬油…1大匙
糖…1/4小匙

作法

1 蔥切蔥花、薑蒜切末、辣椒斜切圈、嫩豆腐切2×2cm塊、雞胸肉切小丁抓醃15分鐘備用。

2 起一鍋1500cc滾水，加入3大匙鹽（配方外），放入豆腐小火煮3分鐘撈出備用（小知識❷）。

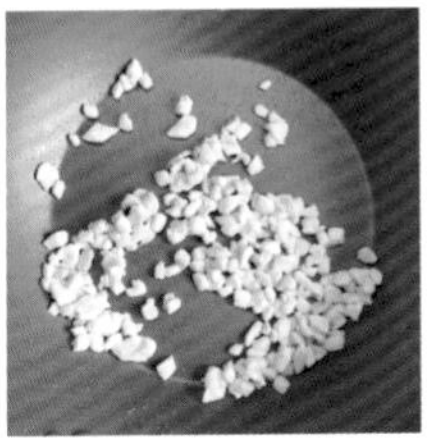

3 鍋內下2大匙油，放入雞胸肉丁，大火炒至7分熟取出備用。

4 利用餘油，中火爆香薑蒜末及辣椒。

5 接著加入蠔油及米酒炒開。

6 放入燙好的豆腐、雞湯、醬油及糖，中小火滾煮5分鐘（小知識❸）。

7 放入雞肉丁續煮1分鐘至熟透。

8 下玉米粉水勾芡至微微濃稠。

9 最後撒上蔥花即完成！

小知識

❶ 雞高湯可使用自製或是市售皆可；另外雞高湯量不要太多，以免成品過於湯湯水水。
❷ 豆腐用鹽水煮過較不易破，且能去除豆腥味。
❸ 請以中小火煨煮豆腐，一方面幫助入味，一方面避免破掉。

course

15

玫瑰油雞

玫瑰油雞是一道廣東名菜，因使用玫瑰露酒而得名！在台灣玫瑰露酒較難取得，故本篇使用紹興酒代替，油油亮亮的雞腿，搭配酸甜適口且脆爽的廣式泡菜，真是少有的人間美味呀！

材料（2人份）

仿土雞腿…2支（1200克）
蔥…5支
薑片…3片
紅蔥頭…30克
蒜頭…4瓣
雞湯…900cc
紹興酒…100cc

中藥材（小知識❶）

八角、草果…1顆
陳皮、桂枝…1錢
丁香…1/2錢
甘草…5片
月桂葉…1片

調味料（小知識❷）

醬油…200cc
老抽…50cc
冰糖…1大匙
鹽…1/4小匙

雞高湯材料

水…1200cc
米酒…50cc
薑片…2片
蔥…1支

作法

1 蔥切長段、薑切片、蒜頭去蒂頭、紅蔥頭去皮、仿土雞腿去骨備用。

2 起一鍋1200cc冷水，放入雞骨、蔥段、薑片及米酒，中大火煮滾撇去浮沫。

3 不蓋鍋蓋，小火燉煮1小時即完成雞高湯。

4 鍋內下2大匙油，中火爆香蔥、薑、蒜、紅蔥頭及中藥材。

5 加入調味料，大火滾煮1分鐘激發醬香。

6 加入雞高湯及紹興酒大火煮滾，轉小火煮15分鐘（小知識❸）。

7 承上，放入雞腿排，小火煮15分鐘（小知識❹）。

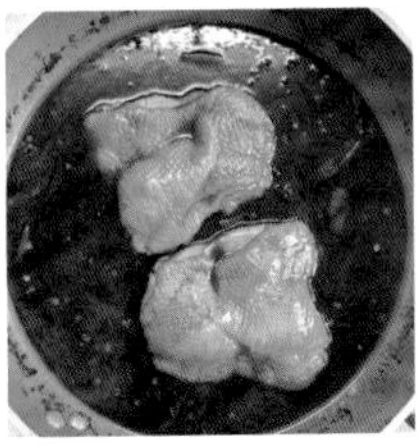

8 最後關火泡1小時即完成，要吃時取出切片並淋上滷汁即可！

小知識

❶ 藥材可於中藥行全部購入。
❷ 老抽為上色用，無者可省略，不須補醬油代替。
❸ 透過煨煮，才能將辛香料與中藥材味道釋放。
❹ 煮雞腿排過程須於8分鐘時翻一次面，使兩面受熱均勻。

course

16

居酒屋風大蔥雞肉串燒

雞肉串燒是居酒屋常見的菜色，
本篇分享如何使用平底鍋，
也能做出香氣逼人、口感軟嫩的雞肉串燒唷！

材料（2～3人份）

去骨雞腿排…1片（500克）
大蔥…3～4根

雞肉醃料

鹽…1/8小匙

調味料

醬油、味醂、米酒…各2大匙（可用於2串）

作法

1 大蔥切4cm段，雞肉切長2×4cm塊狀，並以雞肉醃料抓醃15分鐘備用。

2 將雞肉與大蔥依序以竹籤串起備用。

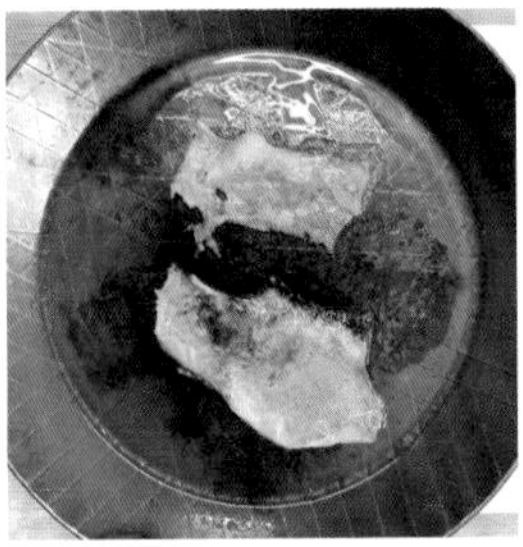

3 放入雞皮，以中小火煸出雞油。

4 丟棄雞皮，大火燒熱雞油，放入雞肉串將兩面煎至金黃上色。

5 接著下調味料，中大火加熱至醬汁收濃，再將雞肉串均勻裹上濃稠醬汁即完成！

PART 07

家常食材煮出吸睛料理

海鮮及蛋豆蔬菜類

course 1

胡椒蝦

胡椒蝦是我去活蝦料理餐廳必點料理，Q 彈的蝦肉搭配濃郁辛香的特調醬料，真的讓人允指回味！特別要注意，胡椒蝦不是鹽酥蝦，沒有爆香、煎蝦等步驟，只需將泰國蝦、米酒及特調粉入鍋煮至收乾就好，絕對是家家戶戶都做得出來的美味料理唷！

材料（2～3人份）

泰國蝦…1斤（依家境增減）
米酒…400cc

調味料
白胡椒粉…1.5大匙
鹽…1/2大匙
細黑胡椒粉…1/4小匙
五香粉…1/8小匙

作法

1 泰國蝦買回家可先冷凍或泡冰水30分鐘，待其冰暈失去活動力較好處理。

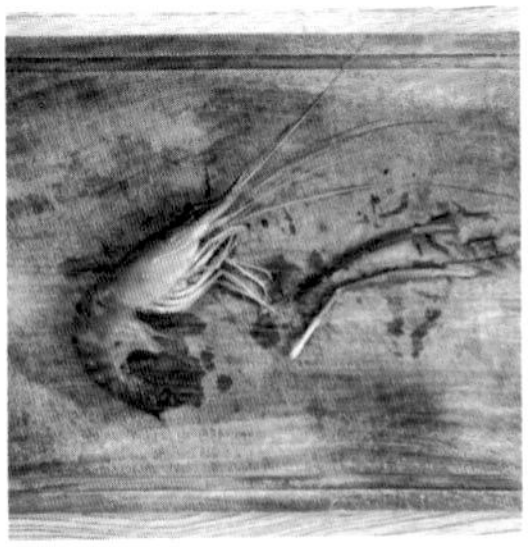

2 先剪去兩根大螯。

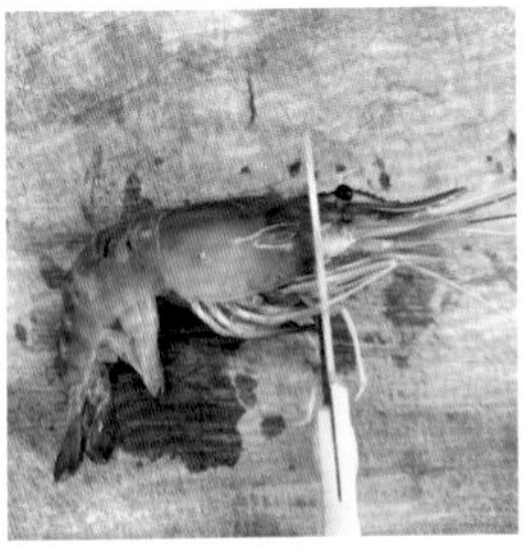

3 從眼睛下方剪一刀。

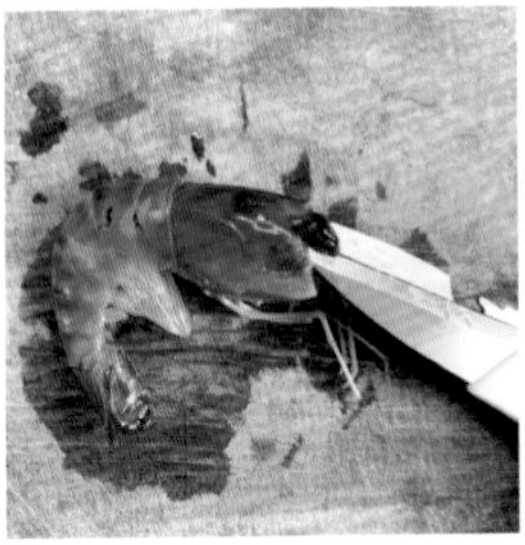

4 用剪刀挑出蝦囊（蝦胃）（小知識❶）。

5 從蝦身與蝦頭連接處，用剪刀插入開背（小知識❷）。

6 將泰國蝦、米酒及調味料入鍋，並以大火煮滾。

7 煮滾後轉中大火持續翻炒6~8分鐘。

8 炒醬汁收乾即完成（小知識❸）！

小知識

❶ 泰國蝦首重吃頭，蝦囊非常髒務必去除。
❷ 開背可幫助蝦身入味。
❸ 不宜炒過久以免蝦肉乾柴，另外醬汁若炒不乾，可參考餐廳作法用吹風機吹乾。

course

2

免烤箱鹽烤海大蝦

這道料理是利用鹽經過加熱的高溫，瞬間鎖住蝦肉的鮮甜，讓大家即便沒有烤箱，也能吃到烤蝦的口感與鮮甜的滋味，尤其當檸檬淋在烤蝦上，味道提升不只一個檔次，真的超級好吃！吃膩汆燙水煮蝦的你，一定要試試看！

材料（1～2人份）

草蝦…8隻（依家境增減）
高級精鹽…100～150克（小知識❶）

作法

1 草蝦洗淨挑出蝦線備用。

2 平底鐵鍋放入鹽，大火燒2分鐘（小知識❷）。

3 待鹽開始變色，將草蝦快速鋪上。

4 蓋上鍋蓋蒸烤3分鐘。

5 3分鐘後見蝦頭流出蝦膏，且蝦身變紅即完成！

小知識

❶ 鹽的量請以能鋪滿鍋底為準，因使用量較大，選擇便宜的高級精鹽即可；另外，使用過的鹽可以再續烤一次，但請不要回收再利用會有異味。
❷ 本食譜溫度高，不可使用不沾鍋以免損壞塗層，建議使用鐵鍋或不鏽鋼鍋操作。

course

3

毛豆蝦仁

清脆 Q 彈的蝦仁搭配鮮甜的毛豆，
不需要過多的調味，簡單的鹽跟胡椒，
吃出食材的本味就是這道料理的精髓！

材料（2～3人份）

蝦仁…20隻（依家境增減）
毛豆…150克（小知識❶）
蒜頭…4瓣
水…50cc
玉米粉水…1大匙

蝦仁醃料
米酒…1大匙
玉米粉…1/2大匙
鹽…1/4小匙

調味料
鹽…1/4小匙
香油、白胡椒粉…1/8小匙

作法

1 蒜頭切末、玉米粉水預先混合、蝦仁開背以蝦仁醃料抓醃10分鐘備用（小知識❷）。

2 起一鍋滾水，放入毛豆汆燙1分鐘取出備用。

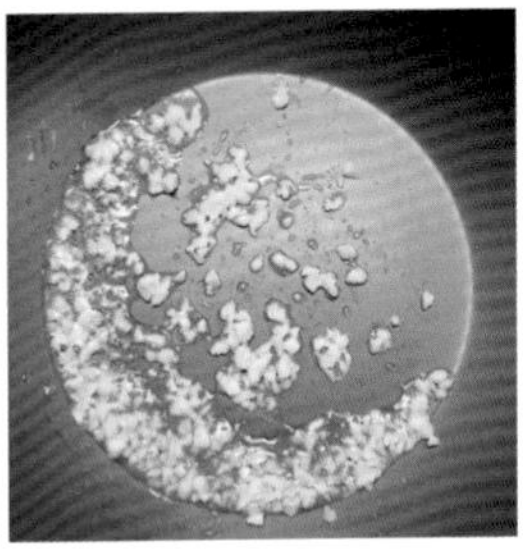

3 鍋內下1大匙油，中火爆香蒜末。

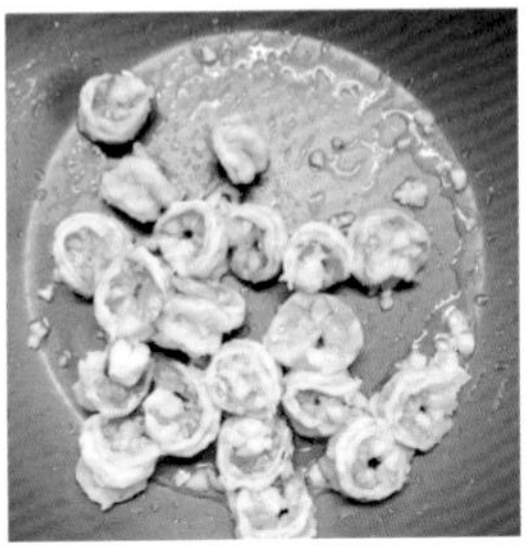

4 飄香後放入蝦仁拌炒至7分熟。

5 接著加入水、毛豆、鹽及白胡椒粉，大火拌炒均勻。

6 炒至蝦仁熟透，下玉米粉水勾芡，起鍋前淋上香油即完成！

小知識

❶ 整包毛豆可於食品材料行購入。
❷ 蝦仁Q脆處理法請參考「象廚開煮小講堂」p.30作法。

course

4

乾燒蝦球

乾燒蝦是一道傳統的中式菜肴，後來在日本發揚光大成為著名中華料理，其特點為酸甜微辣，是一道非常下飯的料理，若遇逢年過節，將蝦仁換成明蝦，便能瞬間變成非常有面子的宴客菜！

材料（2人份）

蝦仁…15隻（依家境增減）
薑…1小塊
蒜頭…2瓣
蔥…1支

蝦仁醃料
米酒…1大匙
玉米粉…1/2小匙
鹽…1/4小匙

調味料
水…50cc
番茄醬…2大匙
米酒…2大匙
醬油、辣豆瓣醬…各1/2大匙
糖…1小匙

作法

1 蔥切蔥花、薑、蒜切末、蝦仁開背以蝦仁醃料抓醃10分鐘備用（小知識❶）。

2 鍋內下2大匙油，中大火將蝦仁煎熟取出備用。

3 原鍋不洗，以中火爆香薑、蒜末。

4 接著加入番茄醬及辣豆瓣醬炒開。

5 加入水、醬油、米酒及糖，中大火煮滾。

6 燒煮1分鐘使醬汁濃稠。

7 放入蝦仁拌炒均勻，最後撒上蔥花即完成！

❶ 蝦仁Q脆處理法請參考「象廚開煮小講堂」p.30作法。

course

5

金銀蒜蓉粉絲蒸蛤蠣

這道是粵菜料理，一般使用的主食材是花甲，但台灣日常較難購入遂以蛤蠣代替，靈魂蒜蓉醬的部分，巧妙運用熟蒜及生蒜（又稱金銀蒜），味道極具層次感，加上蒸煮過蛤蠣的鮮美湯汁，一次被冬粉及金針菇吸收個徹底，真的好吃極了！

材料（2人份）

蛤蠣…300克
蒜頭…10瓣（50克）
蔥…1支
冬粉…1球
金針菇…1/2包
水…80cc

調味料（蒜蓉醬）
水…2大匙
醬油…1.5大匙
米酒…1大匙
辣豆瓣醬…1大匙
糖…1/4小匙

作法

1 蔥切蔥花、蒜頭切末、金針菇去除根部剝散、冬粉泡冷水20分鐘至軟化、蛤蠣吐沙後洗淨備用。

2 鍋內下3大匙油及30克蒜末，以中火炒至飄香。

3 接著下調味料煮滾。

4 關火放入剩餘的20克生蒜，攪拌均勻備用（小知識❶）。

5 砂鍋依序放入剝散的金針菇及泡軟的冬粉（小知識❷）。

6 再鋪上蛤蠣與炒好的蒜蓉醬，加水以中大火煮滾湯汁。

7 蓋上鍋蓋轉中小火蒸煮6分鐘。

8 蛤蠣全開後撒上蔥花即完成！

小知識

❶ 此法運用熟蒜的香氣與生蒜的嗆辣，使蒜蓉醬充滿層次感。

❷ 無砂鍋者可直接用平底鍋操作。

course 6

豆酥鱈魚

豆酥鱈魚是餐廳名菜，魚肉吃起來鮮嫩多汁，
搭配炒到酥脆夠味的豆酥，一同入口滋味妙不可言！
這道料理並不需要想得太難，只需掌握豆酥特性，便能完美駕馭唷！

小知識

❶ 豆酥為製作豆漿時，其剩餘的豆渣經乾燥處理後的產物，在傳統市場、雜貨店、食品材料行皆可買到。
❷ 炒豆酥用油量較多，後續會過濾。
❸ 300克魚片大火蒸8分鐘可熟，魚的重量與食譜不同者，請以此類推。

材料（2人份）

大比目魚片…1片（350克）
豆酥粉…60克（小知識❶）
沙拉油…50cc
蔥…1支
薑…1小塊
蒜頭…4瓣

魚肉醃料

鹽…7克（魚重量2%）
米酒…1大匙

調味料

糖…1大匙
辣豆瓣醬…1/2大匙

作法

1 蔥切蔥花、薑蒜切末、大比目魚片以魚肉醃料抓醃10分鐘備用。

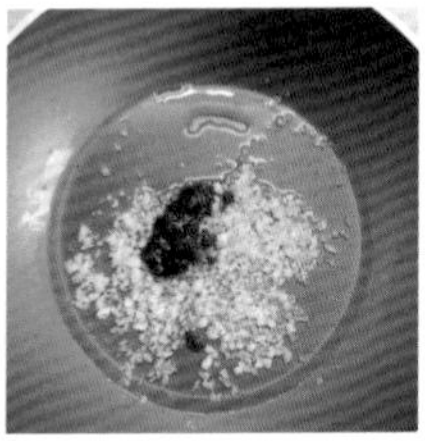

2 鍋內下50cc沙拉油，中火爆香薑蒜末，接著下辣豆瓣醬炒開（小知識❷）。

3 下豆酥粉以中小火拌炒8至10分鐘。

4 炒的過程可用鍋鏟輕壓，感受豆酥酥脆程度。

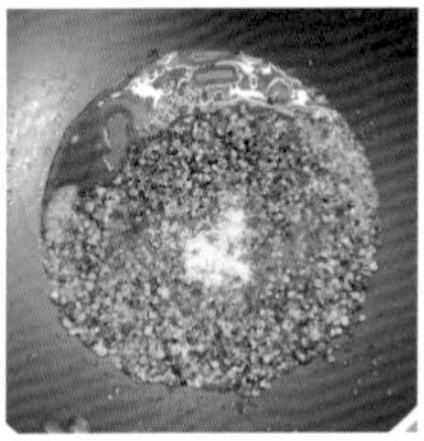

5 豆酥炒至酥脆後，加糖拌炒均勻。

6 下蔥花拌炒均勻。

7 以篩網過濾多餘的油，豆酥即完成！

8 起一鍋滾水，將醃好的大比目魚片，底部墊蔥段、表面放薑片（配方外），入鍋大火蒸8分鐘（小知識❸）。

9 以筷子戳刺，如能輕鬆穿透代表魚肉已熟。

10 最後去除薑片與蔥段，倒掉盤中湯汁，鋪上炒好的豆酥即完成！

course 7

蔭豉鮮蚵

這是一道我非常喜歡的經典台式料理，
飽滿的鮮蚵、濃郁且微辣的醬汁淋在飯上，
送入口中那是阿嬤的味道，是難以忘懷的古早味！

材料（3～4人份）

蚵仔…300克
蒜苗…1支
蒜頭…4瓣
小辣椒1根
鮮蚵高湯（步驟4）…100cc
玉米粉水…2大匙

調味料

醬油膏…2大匙（可用醬油、蠔油取代）
濕豆豉…1.5大匙（小知識❶）
米酒…1大匙
白胡椒粉…1/8小匙
糖…1/8小匙

作法

1 蒜頭切末、辣椒斜切圈、蒜苗切粒、玉米粉水預先調好備用。

2 蚵仔加入2大匙玉米粉（配方外，用太白粉、地瓜粉、麵粉取代皆可）。

3 將裹粉的蚵仔輕輕抓拌均勻，接著沖洗乾淨備用。

4 起一鍋滾水，關火放入蚵仔泡30秒；取泡蚵仔的水100cc，做為鮮蚵高湯備用。

5 撈出泡冷水備用（小知識❷）。

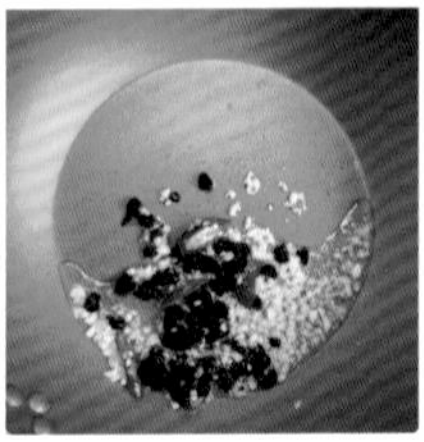

6 鍋內下1大匙油，中火依序爆香豆豉、蒜末及辣椒。

7 下醬油膏、米酒、鮮蚵高湯、糖及白胡椒粉，大火煮滾。

8 放入蚵仔，轉中火煮1分鐘。

9 加入蒜苗粒拌炒均勻，再加入2大匙玉米粉水，勾芡至濃稠即完成（小知識❸）！

小知識

❶ 豆豉有分乾、濕兩種，乾豆豉較鹹且須用水泡開，濕豆豉充滿醬香且甘甜，本篇使用濕豆豉表現該料理應有的風味。
❷ 蚵仔不必煮至全熟，因後續還要與醬汁一起煮；泡冷水是避免繼續熟化。
❸ 拌炒請小力避免蚵仔破掉。

石斑鮮魚湯

course 8

鮮嫩的魚片搭配清甜的湯頭，尾韻還有薑絲提味，
這碗魚湯好喝又營養，特別適合需要滋補養身的朋友，
若是要煮給剛開完刀的人喝，記得不可以加米酒唷！

材料（2 人份）

石斑魚…250 克（可用鱸魚代替）
蛤蠣…250 克
嫩薑絲…15 克
米酒…1 大匙

調味料

鹽…1/8 小匙

作法

1 嫩薑切絲、魚片切3cm塊、蛤蠣吐沙洗淨備用。

2 滾水下蛤蠣。

3 待蛤蠣開了7成，放入魚片及米酒，轉中火續煮1分鐘。

4 撈去浮沫。

5 最後下鹽及薑絲即完成！

course 9

韓式麻藥溏心蛋

第一本書有分享過日式溏心蛋作法，本篇將進階分享韓式溏心蛋作法，之所以稱作「麻藥」是指一吃就美味地讓人上癮的意思！溏心蛋大家一起來試試這迷人的美味吧！

材料（5 人份）

蛋…5 顆
蔥…2 支
洋蔥…1/3 顆（100 克）
蒜頭…4 瓣
小辣椒…2 根
白芝麻…1.5 大匙

調味料

醬油…200cc
飲用水…200cc
糖…160 克（小知識❶）
韓式芝麻油…1.5 大匙

作法

1 洋蔥切丁、蔥切蔥花、蒜頭切末、小辣椒切圈、雞蛋放置回溫備用。

2 將洋蔥、蔥花、蒜頭、小辣椒及白芝麻，與調味料混合均勻成醬汁備用。

3 接著將煮6分鐘的溏心蛋放入醬汁中（完整溏心蛋作法請參p.24）。

4～5 蓋上廚房紙巾冷藏醃12小時，取出對半切即完成（小知識❷）！

小知識

❶ 用韓式玉米糖稀者，比例改為200cc。
❷ 成品可冷藏保存5至7天，剩下的醬汁未碰到生水可重複使用。

course
10

金沙豆腐

金沙料理一直是我的心頭好，搭配豆腐更是妙不可言！由於炸豆腐較危險，為方便家庭製作，本篇揚棄油炸法改用煎的，作法簡單，豆腐外酥內嫩美味不減，加上特調的水潤金沙醬，保證是最佳下飯菜！

小知識

❶ 蒜頭等辛香料不要一開始就爆香，否則炒到後面容易焦掉。
❷ 加米酒可去腥，加水可使金沙醬保持水潤口感，但不要加太多讓整道菜變得湯湯水水喔！
❸ 剩下的鹹蛋白可用於炒菜或蒸肉。

材料（3～4人份）

雞蛋豆腐…1盒
鹹蛋黃…3顆（45克）
鹹蛋白…1.5顆（45克）
蔥…1支

蒜頭…3瓣
小辣椒…1根
米酒…1大匙
水…3大匙

調味料
糖…1/2小匙

作法

1 雞蛋豆腐切塊並以廚房紙巾吸乾水分、鹹蛋對半切取出蛋黃，將其壓扁後切碎、鹹蛋白切小丁，蔥切蔥花、蒜頭切末，辣椒斜切圈備用。

2 雞蛋豆腐分切示意圖。

3 鍋內下4大匙油，油燒熱放入雞蛋豆腐，兩面以中大火各煎3分鐘。

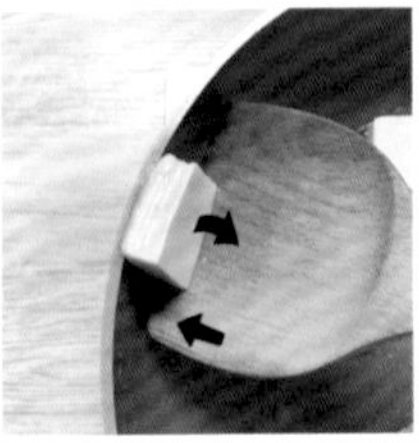

4～5 翻面只要讓豆腐沿著鍋壁往上，再自然倒下即可。

6 煎至兩面金黃上色後取出備用。

7 原鍋放入鹹蛋黃。

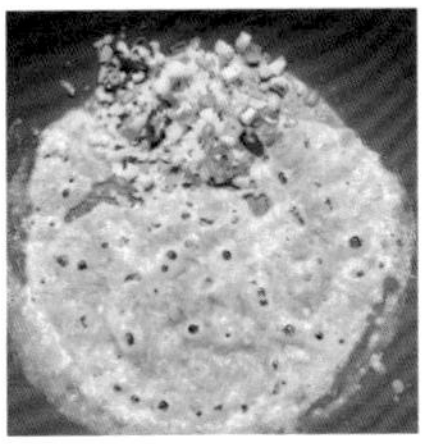

8 中火炒至鹹蛋黃冒泡，接著下蔥花、蒜末及辣椒拌炒均勻（小知識❶）。

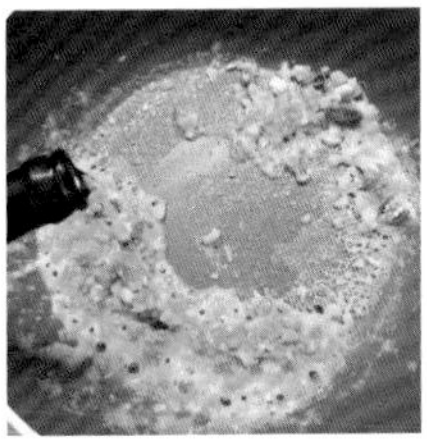

9 下米酒及水煮滾，即完成金沙醬（小知識❷）。

10 最後放回雞蛋豆腐，並加入糖及鹹蛋白，輕輕拌炒均勻即完成（小知識❸）！

course

11

鐵板豆腐

鐵板豆腐是熱炒店的名菜之一，燒得滑嫩燙口的豆腐，淋上濃郁的黑胡椒鐵板醬，那滋味可真是迷人！在家雖然沒有鐵板撐腰，但依舊可以學習鐵板醬的配方，把這道料理學會，在家也能開起熱炒店唷！

材料（3～4人份）

雞蛋豆腐…1盒
蔥…2根
洋蔥…1/8顆（40克）
紅蘿蔔…1/8根（30克）
蒜頭…3瓣

玉米筍…4根（40克）
奶油…15克
水…200cc
玉米粉水…1大匙

調味料

水…2大匙
醬油、蠔油、米酒、粗黑胡椒粒…各1大匙
番茄醬…1/2大匙
糖…1/4小匙

作法

1 雞蛋豆腐切塊、洋蔥順紋切絲、蔥分蔥白蔥綠切段、蒜頭切末、紅蘿蔔切小片、玉米筍對半斜切、調味料預先混合成醬汁備用。

2 起一鍋滾水，大火汆燙紅蘿蔔及玉米筍2分鐘取出備用。

3 鍋內下4大匙油，油燒熱放入雞蛋豆腐，兩面以中大火各煎3分鐘。

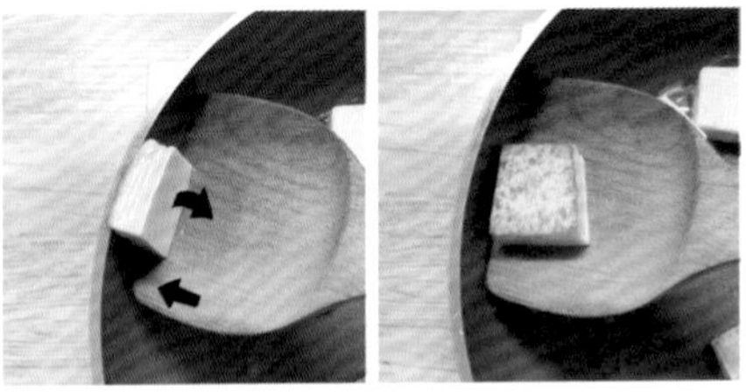

4～5 翻面只要讓豆腐沿著鍋壁往上，再自然倒下即可。

6 煎至兩面金黃上色後取出備用。

7 原鍋下蒜末、蔥白及洋蔥絲，以中火爆香。

8 加入預先調好的醬汁及200cc水大火煮滾。

9 放入豆腐、紅蘿蔔及玉米筍，中火煨煮2分鐘。

10 煮至水量剩1/2時，下蔥綠段輕輕拌炒，再下玉米粉水勾芡至濃稠，最後放入奶油，煮至融化即完成（小知識❶）！

小知識

❶ 豆腐沒炸過易破，拌炒時只須把醬淋在豆腐上即可。

course 12

免烤箱西班牙式烘蛋

這道烘蛋不需要用到烤箱，只要一個平底鍋就能做出來！鮮嫩的蛋有著培根的鹹香及蕈菇風味，搭配上鬆軟的馬鈴薯，那口感妙不可言！最重要的是還有清爽的波菜及解膩的小番茄，吃再多都不會膩，千言萬語都只能化作一句：「太好吃了吧！」

小知識

❶ 馬鈴薯泡水是為了去除多餘澱粉；蛋液過篩成品表面才光滑。
❷ 菠菜一定要擠乾水分，否則煎的時候生水，蛋較難熟。
❸ 選用密合度高的鍋蓋，可讓溫度不散失太快，有效增加成功率。
❹ 開蓋後若發現還沒熟，可蓋上鍋蓋開小火再加熱2分鐘。

材料（5～6人份）

馬鈴薯⋯1/2顆
鴻喜菇⋯1/2包
培根⋯3片

蛋⋯6顆
小番茄⋯4顆
菠菜⋯2把

調味料
鹽及黑胡椒⋯1/2小匙
醬油⋯1/4小匙

※ 本篇使用20cm不沾平底鍋製作。

作法

1 馬鈴薯切細條泡水10分鐘、蛋打散過篩、鴻喜菇去根部剝散、波菜切6cm段、小番茄切0.5cm薄片、培根切條備用（小知識❶）。

2 波菜滾水汆燙1分鐘。

3 擠出多餘水分備用（小知識❷）。

4 鍋內下1匙橄欖油，中小火將培根煎上色。

5 放入鴻喜菇炒上色，再加入鹽、醬油及黑胡椒拌炒均勻。

6 接著連同菠菜倒入過篩好的蛋液備用。

7 另起一鍋鍋內下1大匙油，放入馬鈴薯中火炒至半透明狀（2～3分鐘）。

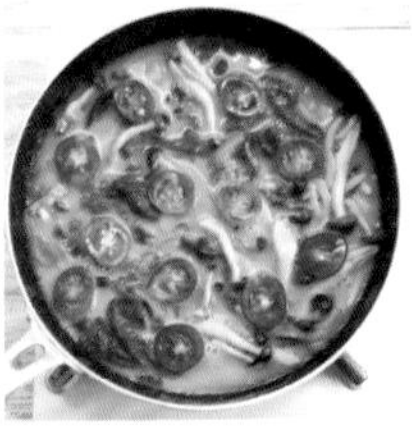

8 倒入蛋液，將所有材料排列好後，平均鋪上小番茄。

9 蓋上鍋蓋小火燜煎6分鐘，待看到周圍蛋液凝固，關火燜10分鐘（小知識❸）。

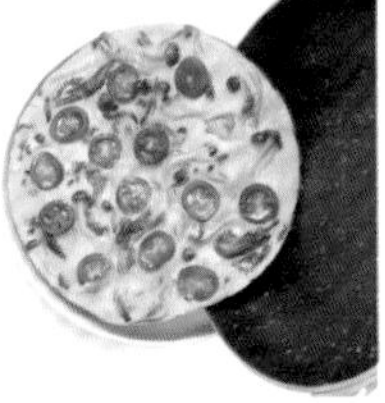

10～11 成品的蛋液應全部凝固，且底部亦無殘存蛋汁即完成（小知識❹）！

course 13

高顏值松本茸蛋捲

松本茸是近年來運用新技術栽種出來的菇類，除了外型可愛之外，鮮味更勝其他菌菇，尤其混在蛋捲裡味道非常搭！這道料理不僅好吃還很吸睛，希望出現在餐桌或是便當裡，都能為大家帶來一整天好心情！

材料（2人份）

松本茸…2朵
蛋…3顆

調味料
鹽…1/4小匙
※本篇使用30cm不沾平底鍋製作。

作法

1 松本茸切薄片、蛋加入鹽打散備用（小知識❶）。

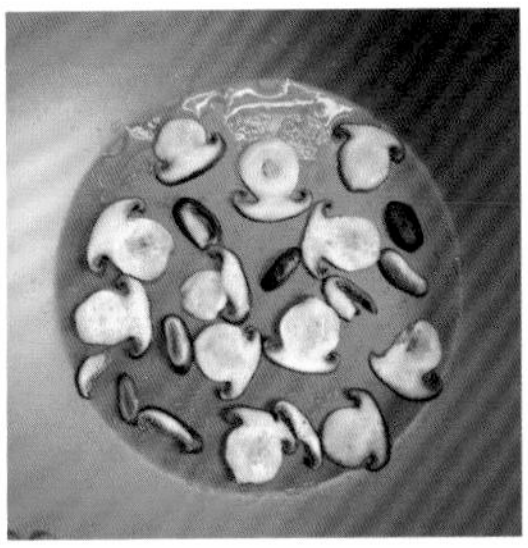

2 鍋內下1大匙油，以中火將松本茸煎至出水軟化後翻面，接著在鍋內排滿松本茸（小知識❷）。

3 倒入蛋液（以稍微淹過松本茸為原則），維持中火煎蛋皮。

4 煎至8至9分熟（表面仍有些蛋液），用鍋鏟小心鏟起（小知識❸）。

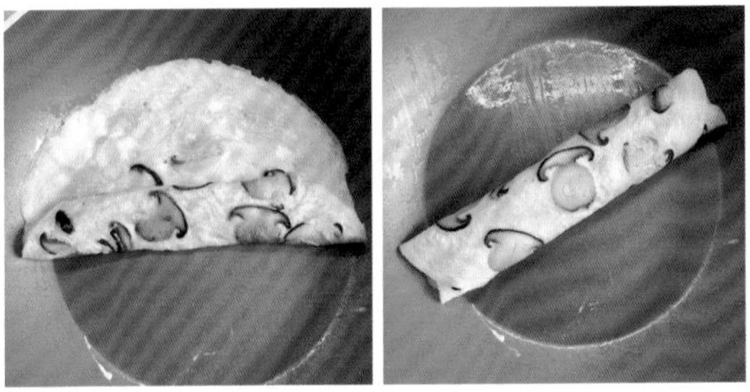

5～6 慢慢將蛋皮捲起（小知識❹）。

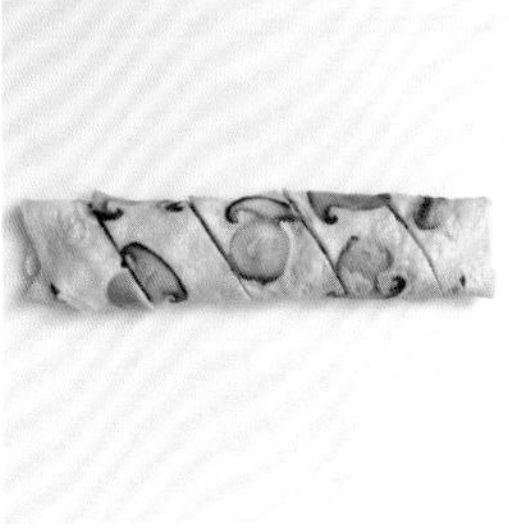

7 斜切段即完成！

❶ 松本茸請挑選圓圓胖胖的形狀，做出來成品較可愛，且務必切薄片，否則後續很難捲。
❷ 可按圖片排列松本茸，完整大朵的排在鍋子上方，捲起後即會露出。
❸ 蛋液不須過篩，份量請照食譜配方，太少易捲破，太多則捲不起來。
❹ 捲蛋皮可用兩支鍋鏟輔助較好捲。

course

14

魚香茄子

魚香茄子是一道經典川菜，其使用四川泡椒製作，雖未放魚但成品卻帶有魚香味因而得名！後流傳到台灣，因泡椒較難入手，因地制宜轉變改以辣豆瓣醬代替，雖然味道不盡相同，但卻同樣下飯，燒煮入味的茄子搭配醇厚的醬汁，絕對是下飯好朋友！

材料（2～3人份）

茄子…2根（400克）
豬絞肉…200克
蔥…1支
薑末…5克

蒜末…10克
米酒…1大匙
水…100cc
玉米粉水…2大匙

調味料

辣豆瓣醬…2大匙
醬油…1大匙
糖…1大匙
烏醋…1小匙

作法

1 蔥切蔥花、薑蒜切末、茄子切6至8cm長度，1開4備用。

2 3 起攝氏160度油鍋，將茄子炸2分鐘至軟化上色，起鍋瀝油備用。

4 鍋內下1大匙油，放入絞肉以中大火拌炒。

5 炒香後下薑、蒜末爆香。

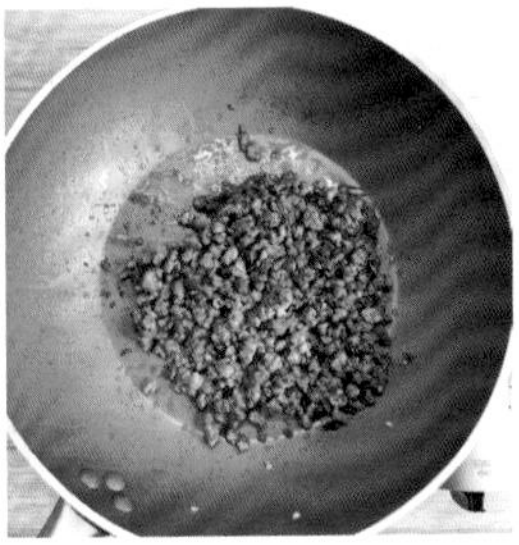

6 下辣豆瓣醬及米酒，將絞肉炒至上色。

7 接著加入水、醬油及糖大火滾煮。

8 加入茄子中火煨煮1～2分鐘，最後加入玉米粉水勾芡，起鍋前下烏醋及蔥花拌均勻即完成。

course

15

櫻花蝦高麗菜

炒青菜重視清脆爽口有熱度，雖然家中爐火無法與餐廳相比，但只要略施小技，在家一樣也能享用跟熱炒店相同等級的炒青菜唷，至於實際上該怎麼操作，讓我們繼續看下去！

材料（2人份）

高麗菜…300克
乾的櫻花蝦…10克
蒜頭…5瓣（25克）
小辣椒…1根
水…2大匙

調味料
鹽…1/4小匙

作法

1 蒜頭切末、辣椒斜切圈、高麗菜洗淨剝散備用。

2 高麗菜從梗中間對切（小知識❶）。

3 再平均切分成4等份剝散備用。

4 鍋內下2大匙油，冷油放入櫻花蝦，以中小火炒香（約3至4分鐘）。

5 炒香後取出櫻花蝦。

6 將鍋中櫻花蝦油燒熱，以大火爆香蒜頭及辣椒。

7 放入高麗菜拌炒15秒，接著加入2大匙水，保持大火快速翻炒（小知識❷）。

8 炒至高麗菜微軟，放回櫻花蝦並加鹽調味，再次翻炒均勻即完成！

小知識

❶ 從梗中間對切，可使高麗菜厚薄一致，後續拌炒才能同時炒熟。

❷ 只要掌握「蔬菜量不過多」、「全程保持大火，不讓鍋中溫度降低」兩個要件，在家即可炒出清脆爽口的青菜。

course 16

韓式雜菜

雜菜是韓國慶祝生日或喜事的代表料理，也是我最喜歡的韓式料理之一，這一盤裡面應有盡有，加上韓式芝麻油那股迷人的香氣，不用配飯單吃就非常過癮！且製作過程並不難，一次做一大盆可以吃上好幾天，非常值得一試！

材料（4～6人份）

牛板腱（嫩肩里肌）…250克
菠菜…4把（250克）
紅蘿蔔…1根（250克）
洋蔥…1顆（250克）
香菇…5朵（150克）
木耳…3片（90克）
蛋…2顆
韓式冬粉…200克（小知識❶）
蒜頭…4瓣
白芝麻…1大匙

牛肉醃料
醬油…1大匙
韓式芝麻油…1小匙
糖…1小匙

調味料（小知識❷）
醬油…3大匙
韓式芝麻油…1大匙
糖…1大匙

作法

1 蛋白與蛋黃分開、蒜頭切末、洋蔥順紋切絲、紅蘿蔔、木耳及香菇切絲、菠菜切段、韓式冬粉泡冷水30分鐘、牛肉以牛肉醃料抓醃15分鐘備用。

2 鍋內下1小匙油，倒入攪散的蛋黃，蓋上鍋蓋中小火煎成蛋皮取出備用。

3 蛋皮放涼，捲起切成細絲備用。

4 鍋內下1小匙油，倒入蛋白，蓋上鍋蓋中小火煎成蛋皮取出備用。

5 蛋皮放涼，捲起切成細絲備用。

6～9 鍋內分別各下1大匙油，以中火將所有蔬菜分開炒（紅蘿蔔3分鐘、香菇1分鐘、洋蔥2分鐘、木耳1分鐘），炒透後各下1/4小匙鹽（配方外）調味（小知識❸）。

10 鍋內下1大匙油，中火將蒜末爆香後，接著下牛肉炒熟。

11 起一鍋滾水放入菠菜汆燙1分鐘。

12 撈出泡冷水，涼透後擠乾水分備用。

13 承上，同一鍋水再次煮滾放入韓式冬粉煮5分鐘。

14 撈出泡冷水。

15 涼透後用剪刀剪成小段，加入調味料備用（小知識❹）。

16 所有食材備料完成圖。

17 除了雙色蛋絲，其餘全部放入盆中（小知識❺）。

18 用雙手將食材混合均勻，最後撒上白芝麻，成品鋪上雙色蛋絲即完成！

小知識

❶ 韓式冬粉於大型超市皆有販售。
❷ 醬料比例為，醬油：韓式麻油：糖＝3：1：1。
❸ 所有蔬菜炒製時間皆不同，必須分開炒且預先調味，才能保持熟度與味道的一致。
❹ 韓式冬粉必須預先調味，不可所有食材放入盆中才下調味料，否則成品無法保持蔬菜的顏色分明。
❺ 蛋絲放入盆中攪拌易碎，只需成品鋪上即可。

course

17

韭菜花炒皮蛋

這道料理看似平凡，卻是某台菜餐廳的著名料理！絞肉的鮮嫩、韭菜花的香氣，再搭配皮蛋絕妙的風味，三者相輔相成，讓這道料理能登大雅之堂，真的十分好吃又下飯！

材料（2～3人份）

韭菜花…1把（120克）
皮蛋…2顆
豬絞肉…60克
蒜頭…4瓣（20克）
小辣椒…1根

調味料

醬油…1.5大匙
米酒…1大匙
水…1大匙
糖…1/4小匙

作法

1 蒜頭切末、小辣椒斜切圈、韭菜花切小段備用。

2 皮蛋放入冷水，大火煮滾後撈出。

3 放入冷水5分鐘，冷卻後剝殼。

4 皮蛋1開4，切小丁備用（小知識❶）。

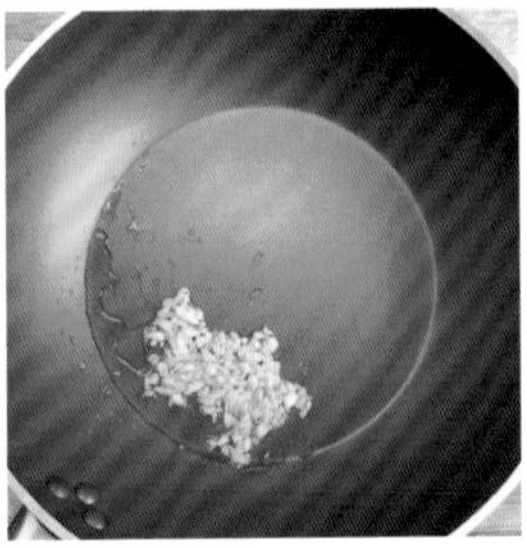

5 鍋內下1大匙油，中火爆香蒜頭。

6 加入絞肉炒熟。

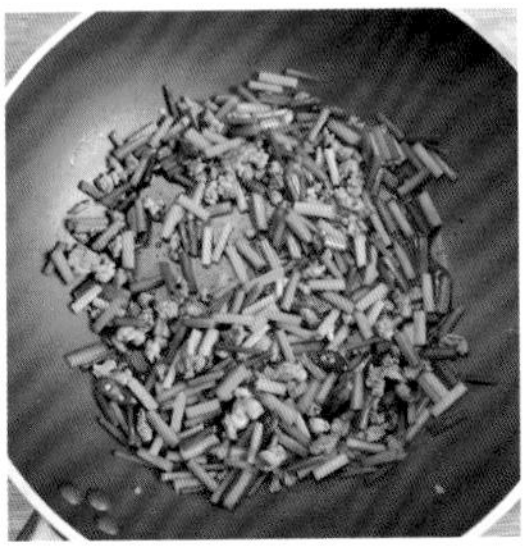

7 放入辣椒、韭菜花及調味料，轉大火拌炒40秒（小知識❷）。

8 最後放入皮蛋丁，再次拌炒均勻即完成！

小知識

❶ 煮皮蛋是為了定型好切，但不必煮至全熟，內部仍微微帶膏狀即可。
❷ 韭菜花不適合久炒，否則會失去其口感，另外其頂部的花是可食用的。

PART 08

人氣鍋物與甜點小品
不出門也能大啖的好滋味

course

1

日式壽喜燒

鍋物料理絕對是我在家最常做的料理，本篇分享我最喜歡的壽喜燒鍋，雖然非日式正統作法而是湯汁略多的台式版本，但美味不減準備起來超方便，只要把食材備好，基礎調味料混合均勻，一起下鍋煮就可以囉！如果覺得煮火鍋太麻煩，還可以做成 1 人份的壽喜燒烏龍麵，也是相當高人氣的料理唷！

材料（2～3人份）

火鍋牛肉片…300克
洋蔥…1/4顆（80克）
大白菜…1/4顆（150克）
金針菇…1包（180克）
香菇…2～3朵

板豆腐…1塊（100克）
山茼蒿…3把（40克）
蒟蒻絲…80克
蛋…2～3顆

調味料（小知識❶）
醬油、米酒、味醂、水…各100cc（比例為1：1：1：1）
鰹魚粉…1/2大匙

作法

1 洋蔥順紋切絲、香菇刻花、金針菇去根部、山茼蒿及大白菜洗淨，調味料部分預先混合成醬汁備用。

2 起一鍋滾水，大火汆燙蒟蒻絲2分鐘去除異味。

3～4 日式燒豆腐作法：鍋內不放油，板豆腐貼於平底鍋，兩面各用中火煎2分鐘至表面焦黃備用。

5 鍋內下1大匙油，放入洋蔥絲以中火炒香。

6 接著依序鋪上準備好的食材，接著加入醬汁至食材1/2處。

7 以大火將食材煮熟，食用時沾上蛋液即可享用。

小知識

❶ 若要煮單人份壽喜燒烏龍麵，因湯汁要一起食用，醬汁比例建議調淡為：醬油、米酒、味醂各60cc，水為300cc（比例為1：1：1：5），鰹魚粉1/4小匙。

course 2

起司牛奶鍋

這是一道大人小孩接受度都很高的鍋物料理，其主要風味來自高湯基底，再搭配辛香料、奶油、牛奶及起司片，便能輕鬆做出外面餐廳濃醇香的牛奶鍋，「江湖一點訣、說破不值錢」，繼續往下看就會發現一點也不難唷！

材料（2～3人份）

雞高湯…500cc（自熬或市售現成皆可）
牛奶…500cc
奶油…20克
蒜頭…3瓣
洋蔥…1/4顆（80克）
起司片…1片

作法

1 洋蔥順紋切絲、蒜頭切末備用。

2～3 鍋內放入奶油，中火炒香蒜頭及炒透洋蔥（小知識❶）。

4 加入雞高湯，大火煮滾轉中火煨煮10分鐘，接著下牛奶煮至微滾。

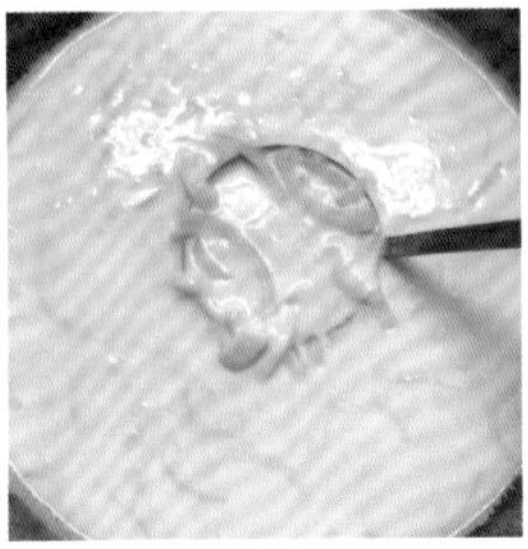

5 關火放起司片至融化，即完成起司牛奶鍋鍋底。

6 放入喜歡的肉類及蔬菜即完成！

小知識

❶ 洋蔥須拌炒至軟化，煨煮時才能釋放甜味。

course

3

番茄海陸鍋

美味健康的番茄鍋底看似困難，其實製作簡單，也不需要加番茄醬，只要略施小技，人人都能輕鬆做出來唷！想想那海鮮與陸鮮的絕妙搭配、蔬菜的鮮甜以及雞高湯的清爽，這鍋物魅力無法擋，快來試做看看吧！

材料（2～3人份）

雞高湯…1000cc
牛番茄…3顆（600克）
洋蔥…1/2顆（150克）
蒜頭…4瓣

調味料
鹽…1/4小匙

作法

1 牛番茄切塊、洋蔥切丁、蒜頭切末備用。

2 鍋內下1大匙油，中火爆香蒜頭與洋蔥。

3 飄香後加入鹽及牛番茄塊（小知識❶）。

4 中火將番茄炒至軟爛（約5～6分鐘）（小知識❷）。

5 加入雞高湯大火煮滾，轉中火煨煮10分鐘（小知識❸）。

6 過濾湯汁後即完成番茄鍋底。

7 最後放入喜歡的海鮮、肉類及蔬菜即完成！

小知識

❶ 加鹽可有效幫助炒軟番茄。
❷ 務必要將番茄炒至軟爛味道才能全部釋放，此步驟為關鍵！
❸ 煨煮是為了讓所有蔬菜更好地釋放味道。

course 4

酸菜白肉鍋

酸菜白肉鍋是一道冬天端上桌，就會瞬間被秒殺的高人氣料理，尤其作法更是簡單到不可思議！酸白菜於各大超市都買得到，無論搭配自製或市售豬大骨高湯，將其混合煮出味，接著加入喜歡的蔬菜，涮起肥美的豬五花肉片，不用出門便能享受餐廳級的美味！

材料（3～4人份）

豬大骨高湯…1000cc（自熬或市售現成皆可）
酸白菜…1 包（250 克）
蔥…1 支
薑…1 小塊
蒜頭…4 瓣

小知識

❶ 煨煮是為了讓酸白菜更好地釋放味道。
❷ 湯不夠可依當時鍋中鹹度，選擇補清水或是豬骨高湯。

〔作法〕

1 酸白菜切細絲、蔥切段、薑切片、蒜頭切末備用。

2 鍋內下1大匙油，中火爆香蔥、薑、蒜。

3 飄香後加入酸白菜絲大火炒香。

4 加入豬骨高湯大火煮滾，轉中小火煨煮10分鐘，即完成酸菜白肉鍋鍋底（小知識❶）。

5 放入喜歡的肉類及蔬菜即完成（小知識❷）！

course 5

紫米紅豆湯

冷冷的天來上一碗紫米紅豆湯，暖身又滋補，這道湯品使用電鍋處理，簡單免顧火，讓你在寒冷冬夜免受出門吹風之苦，也能在家享受口感綿密賣相好的美味甜品！

材料（6～8人份）

紫米…1杯（130克）
紅豆…1杯（145克）
紅糖…100克

〔作法〕

1 紅豆與紫米洗淨後泡水4小時，泡完後紅豆水丟棄，紫米水留1杯（160cc）備用（小知識❶）。

2 電鍋內鍋放入紅豆、紫米、紫米水各1杯，以及清水9杯，外鍋2杯水跳起後燜30分鐘。

3 燜完後紅豆仍保有形狀，此時外鍋再2杯水，跳起再燜30分鐘。

4 加入紅糖調味。

5 確認成品紅豆軟爛即完成，食用時可搭配一點鮮奶油更對味。

小知識

❶ 紫米富含花青素，因其為水溶性色素，泡水後會溶出紫紅色水屬正常現象。

course 6

雙色地瓜球

蓬鬆酥脆的空心地瓜球，一直是夜市的高人氣料理，本篇示範兩種顏色地瓜球，不但好吃而且配色也好看，一起來試試吧！

小知識

❶ 配方速記小撇步：地瓜：地瓜粉：貳號砂糖重量比為5；2.5：1。
❷ 麵團過乾無法成形請補10至20cc的水；反之補地瓜粉至能成團。
❸ 此步驟油溫不可高，地瓜球放下去應無劇烈反應，僅產生細小氣泡。
❹ 地瓜球必須滿足「表面酥脆」、「體積膨脹」兩個要件，才能開始擠壓，否則麵團會直接塌陷。

材料（4～6人份）（小知識❶）

黃地瓜…200 克
地瓜粉（木薯粉）…100 克
貳號砂糖（紅砂糖）…40 克

紫地瓜…200 克
地瓜粉（木薯粉）…100 克
貳號砂糖（紅砂糖）…40 克

作法

1 雙色地瓜均去皮切塊備用。

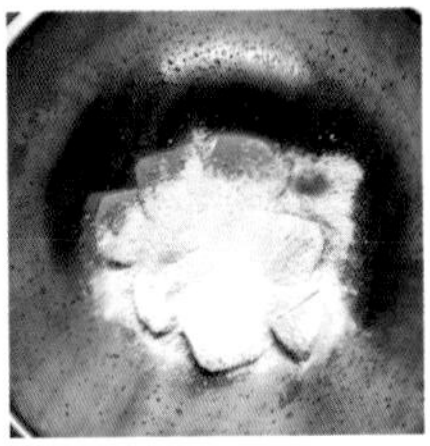

2 地瓜放入電鍋外鍋1杯水蒸軟，取出後連同蒸完的地瓜汁，加入地瓜粉及貳號砂糖。

3 接著用湯勺將地瓜壓碎，並趁熱與地瓜粉及貳號砂糖混合均勻。

4 混合均勻後搓揉成麵團備用（小知識❷）。

5 將麵團搓成長條狀，平均分切10克後，再搓揉成湯圓狀。

6 紫地瓜作法相同，共做出兩盤地瓜麵團備用。

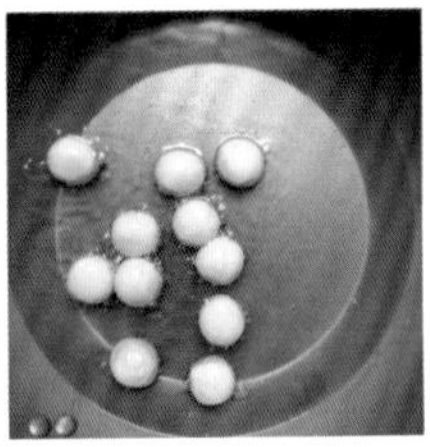

7 起油鍋（油的量須達地瓜球1/2高度），保持攝氏130至140度油溫放入地瓜球（小知識❸）。

8 炸至地瓜球表面酥脆、體積膨脹成1倍（約4分鐘），用漏勺輕壓，輕壓後地瓜球會先扁掉再膨脹（小知識❹）。

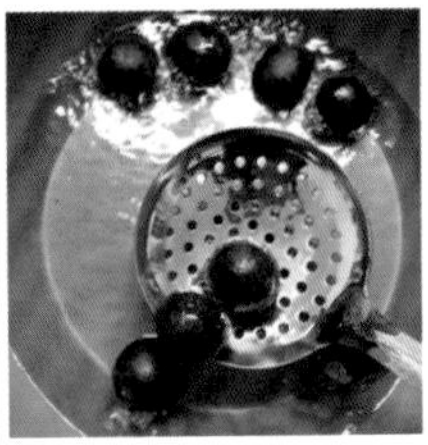

9～10 重複上圖步驟，反覆5至6次（約5至6分鐘），直至地瓜球內部呈空心狀即完成；紫地瓜球操作法同黃地瓜球。

course 7

雪 Q 餅

雪 Q 餅吃起來酥脆且帶有奶香與果乾香，不甜不膩更不黏牙，是一道人見人愛，且沒有烤箱也可以製作的美味甜點！材料都能於食品材料行一次購入，全部做起來送禮自用兩相宜，非常值得你嘗試！

小知識

❶ 所有材料皆可於食品材料行購入。
❷ 奇福餅乾有大小片之分，建議購買大片的，製作時只需對折不需捏碎，成品才有口感。
❸ 隔水加熱，食材較不易燒焦。
❹ 務必趁熱整形，冷掉較難操作。
❺ 室溫保存30天，超過請冷藏密封保存。

材料（6～8人份）（小知識❶）

無鹽奶油…70克
奇福餅乾（大）…300克
蔓越莓果乾…100克
棉花糖…190克
奶粉…100克

作法

1 所有材料預先秤好備用。

2 奇福餅乾對折備用（小知識❷）。

3 起一鍋水，煮滾後轉中小火保持微滾狀態，將攪拌盆置於水面上，放入奶油隔水加熱至融化（小知識❸）。

4～5 放入棉花糖，攪拌至完全融化。

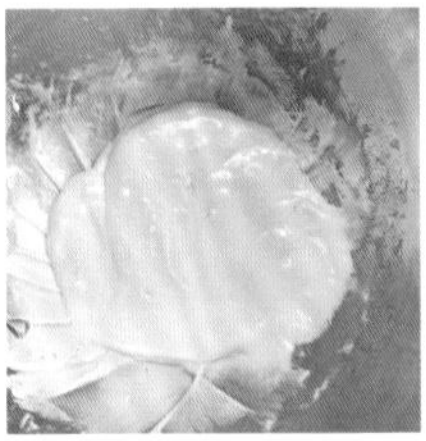

6 加入奶粉，攪拌至無顆粒。

7 加入蔓越莓果乾及奇福餅乾，攪拌至均勻裹上棉花糖。

8 將做好的半成品，趁熱置於不沾烤盤，表面鋪上烘焙紙，以桿麵棍整形桿平（小知識❹）。

9 使用刮刀將側面推平，冷藏1小時備用。

10 冷藏後，切成3.5×3.5×2cm塊狀即完成（小知識❺）！

後記

會看到這裡的讀者，想必這本書也都閱讀完了吧？不曉得第二本書的內容是否還喜歡呢！

打從 2020 年年初《會開瓦斯就會煮》新書出版後，才剛過了個年，很快地又與野人文化簽訂合約，開始著手準備第二本書《會開瓦斯就會煮【續攤】》，原以為有了第一本書的經驗，這次應該可以駕輕就熟，不會再像做第一本書那樣那麼辛苦了吧！沒想到從開始製作的那一刻起，我滿腦子都想著如何能超越第一本書，光是菜單的更換就換了 3、40 次，每天打開電腦的第一步，就是開啟菜單的 Excel 開始思考，這道菜的難易度、美味度以及讀者的接受度！

想起那段期間，幾乎除了工作就是待在家裡拍攝，永遠記得唯一一次出遠門，是清晨五點半起床去綠竹筍產地，購買最新鮮的綠竹筍來拍攝 XD，真的是每天都很投入且專心地構思書中的料理，該如何擺拍呈現、該如何編排章節、以及該如何撰寫才能淺顯易懂！

「那是一段很辛苦的時光，也是一段值得珍藏的回憶！」

我想，在我老去的時候，回想起那年的春夏秋冬，應該也會為了這樣的自己感到欣慰吧！生命中，很少能有這麼純粹的時刻了，不貪多，就認真地把一件事做到最好，這是對所有讀者們負責，更是對自己的人生負責！

跟你們說，我特別喜歡第二本書前導裡的排骨、溏心蛋以及茄子章節，排骨全圖是特別拜託學術單位授權使用的資料，經整理及美化後才有了現在看到的樣子，不然原圖實在太血淋淋了，會安排這個章節，目的是希望每個人購買排骨時不再迷惘，都能依照料理特性買到適合的部位，為此我也買下半頭豬的排骨，每一塊都如神農嚐百草般去試吃，記下口感與味道並拍攝下來，即便大家短時間內無法辨識出各個排骨部位，也能帶著書到市場，按圖索驥買到自己真正所需！

至於溏心蛋與茄子，是特別至專業攝影棚拍攝，且拍了不只一次才拍出我滿意的成品！猶記得那幾天料理桌上，堆了滿山的溏心蛋跟茄子，真可以說是茄子蛋的最佳鐵粉無誤，畫面十分逗趣難以忘懷！

後記的部分偏閒聊，單純想輕鬆地與大家分享第二本書過程的點點滴滴，【續攤】過後，我也允諾大家，未來會保持料理的熱情、持續精進，不斷推出更多更棒更美味的料理，還請大家多多指教唷！

大象主廚

2021 Cooklife大賞
cook power
鍋寶好食光
鍋寶
鍋寶 Cook Power
cookpot_tw
獨家專屬優惠
快掃進入!

IH智能定溫電子鍋-8人份
IHR-9080

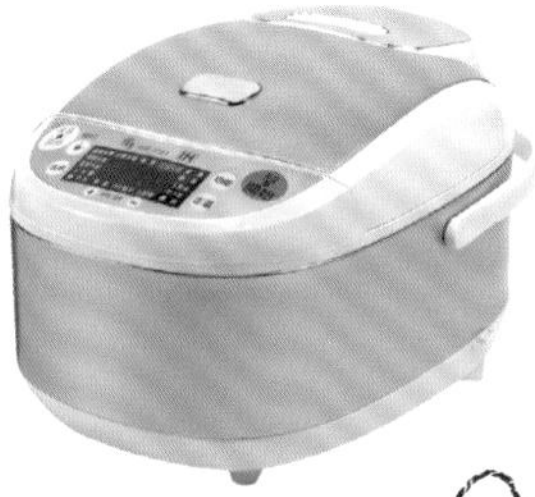

超真空陶瓷燜燒罐800ml
SVPT系列

いただきます

熔岩厚釜鑄造不沾炒鍋30cm
AI-5302

數位觸控健康氣炸鍋4.8L
AF-4811BA

SODAMASTER+ 萬用氣泡水機
BWM-2100

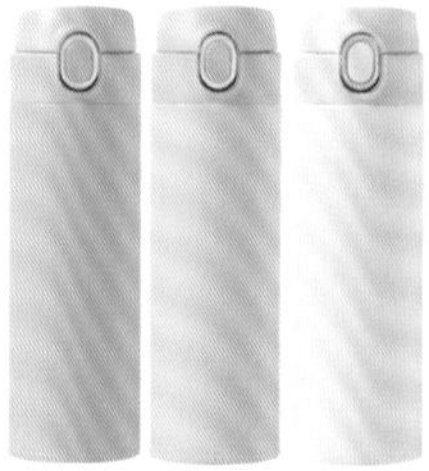

超真空輕量陶瓷保溫杯500ml
SVCT系列

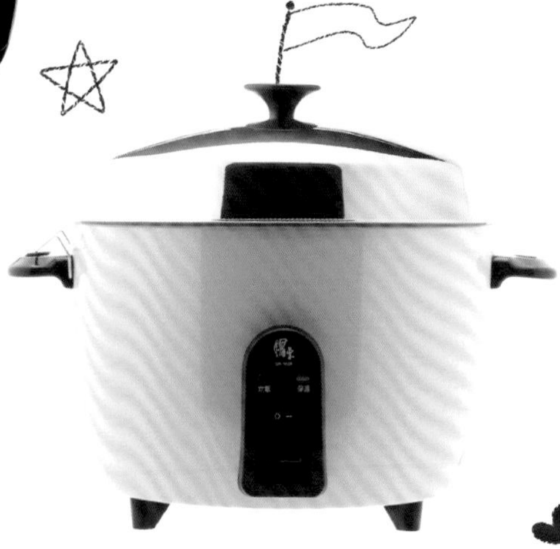

萬用316分離式不沾電鍋-11人份
ER-1152P-1

おいしい!

智能健康氣炸烤箱12L
AF-1290W

手提內陶瓷保溫保冷瓶780ml
VBT系列

智慧型微電腦萬用壓力鍋6L
CW-6112W

bon matin 131

會開瓦斯就會煮〔續攤〕

作　　者　大象主廚
插　　畫　孫琳喬、葉祐嘉
校　　對　周佳穎

野人文化

社　　長　張瑩瑩
總 編 輯　蔡麗真
美術編輯　林佩樺
封面設計　倪旻鋒

責任編輯　莊麗娜
行銷企畫　林麗紅
出　　版　野人文化股份有限公司
發　　行　遠足文化事業股份有限公司
〔讀書共和國出版集團〕
地址：231新北市新店區民權路108-2號9樓
電話：（02）2218-1417
傳真：（02）86671065
電子信箱：service@bookrep.com.tw
網址：www.bookrep.com.tw
郵撥帳號：19504465遠足文化事業股份有限公司
客服專線：0800-221-029

法律顧問　華洋法律事務所　蘇文生律師
印　　製　凱林彩印股份有限公司
初　　版　2020年12月30日
初版11刷　2024年05月20日

歡迎團體訂購，另有優惠，請洽業務部
（02）22181417分機1124

國家圖書館出版品預行編目（CIP）資料

會開瓦斯就會煮〔續攤〕／大象主廚著. -- 初版. -- 新北市：野人文化股份有限公司出版：遠足文化事業股份有限公司發行, 2021.01
240面：17×23公分 --（bon matin；131）
ISBN 978-986-384-467-9（平裝）　1.食譜
427.1　　109019972

野人文化
讀者回函卡

感謝您購買《會開瓦斯就會煮〔續攤〕》

姓 名 □女 □男 年齡

地 址

電 話 手機

Email

學 歷 □國中(含以下)□高中職 □大專 □研究所以上
職 業 □生產/製造 □金融/商業 □傳播/廣告 □軍警/公務員
□教育/文化 □旅遊/運輸 □醫療/保健 □仲介/服務
□學生 □自由/家管 □其他

◆你從何處知道此書？
□書店 □書訊 □書評 □報紙 □廣播 □電視 □網路
□廣告DM □親友介紹 □其他

◆您在哪裡買到本書？
□誠品書店 □誠品網路書店 □金石堂書店 □金石堂網路書店
□博客來網路書店 □其他____________

◆你的閱讀習慣：
□親子教養 □文學 □翻譯小說 □日文小說 □華文小說 □藝術設計
□人文社科 □自然科學 □商業理財 □宗教哲學 □心理勵志
□休閒生活（旅遊、瘦身、美容、園藝等） □手工藝／DIY □飲食／食譜
□健康養生 □兩性 □圖文書／漫畫 □其他

◆你對本書的評價：（請填代號，1. 非常滿意 2. 滿意 3. 尚可 4. 待改進）
書名_____封面設計_____版面編排_____印刷_____內容_____
整體評價_____

◆希望我們為您增加什麼樣的內容：

◆你對本書的建議：

廣　告　回　函
板橋郵政管理局登記證
板橋廣字第143號

郵資已付　免貼郵票

23141
新北市新店區民權路108-2號9樓
野人文化股份有限公司 收

野人

請沿線撕下對折寄回

野人

書名：會開瓦斯就會煮〔續攤〕

書號：bon matin 131